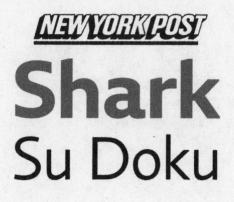

NEW YORK POST

Shark
Su Doku

NEW YORK POST

Shark
Su Doku

150 Fiendish Puzzles

Compiled by sudokusolver.com

HARPER

NEW YORK · LONDON · TORONTO · SYDNEY

HARPER

New York Post © 2011 by NYP Holdings dba New York Post

NEW YORK POST SHARK SU DOKU © 2011 by HarperCollins Publishers.

HarperCollins books may be purchased for educational, business, or
sales promotional use. For information, please e-mail the Special Markets
Department at SPsales@harpercollins.com.

ISBN 978-0-06-206985-6

HB 09.20.2022

All puzzles supplied by Lydia Ade and Noah Hearle of sudokusolver.com

Book design by Susie Bell

Contents

Contents

Introduction

Su Doku is a highly addictive puzzle that is always solvable using logic. It has a single rule – complete each Su Doku puzzle by entering the numbers 1 to 9 once in each row, column and 3x3 block.

Many Su Doku puzzles can be solved by using just one solving technique. In the Difficult rated Su Doku puzzle in Fig. 1, there are already two 8s in the top row of blocks, so the third 8 must be placed somewhere in the top center block (highlighted). Most squares are eliminated by the 8s in the first and third rows, leaving only one possible square in which the 8 can be placed.

Fig. 1

6		8	→		9	5		4
				6	1			
9			7	←				8
5	9					4		
	6			8			9	
		4					3	6
8					2			1
			6	1				
1		6	3			2		9

You can apply the same technique to place a number in a row or column.

In this puzzle, you will need a slightly harder technique that requires pencil marks. Pencil marks are small numbers, usually written at the top of each unsolved square, listing all the possible values for that square. In the top center block, there are now few unsolved squares remaining, so mark in all the pencil marks for this block, as shown in Fig. 2. One square contains only the 2 pencil mark and can now be solved.

Fig. 2

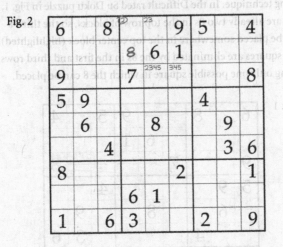

6		8	(2)	23	9	5		4
			8	6	1			
9			7	2345	345			8
5	9					4		
	6			8			9	
		4					3	6
8					2			1
			6	1				
1		6	3			2		9

Remember, every Su Doku puzzle has one unique solution, which can always be found by logic, not guesswork.

Puzzles

Puzzles

1

2		7						1
	9				6	4	5	
	3			1				9
	2		1		8			
		9				5		
			9		4		7	
9				3			4	
	1	6	2				3	
4						9		6

Shark

		4				5		
	7		6		1		3	
			5	4	8			
8				3				1
1		7				2		6
4				1				8
			2	6	3			
	5		4		9		2	
		6				4		

3

		8	4	5				
			9		3	8		
	6				7			2
	3	7					1	8
5								4
4	2					5	7	
2			5				3	
		5	3		6			
				9	4	1		

Shark

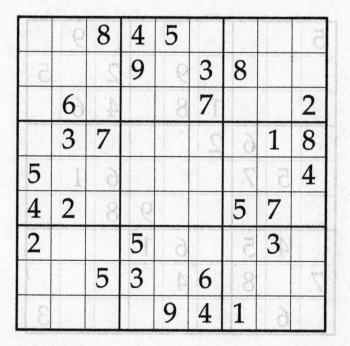

4

5							9	
				9		2		5
			1	8		4	6	
		6	2					
	5	7				6	1	
					9	8		
	4	5		6	1			
7		8		4				
	6							3

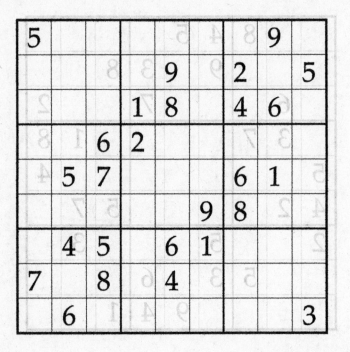

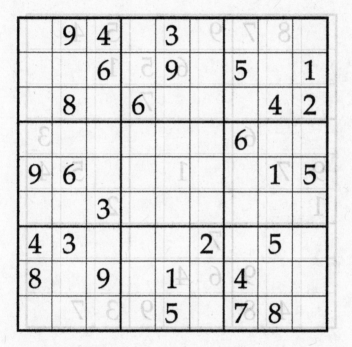

5

	9	4		3				
		6		9		5		1
	8		6				4	2
						6		
9	6						1	5
		3						
4	3				2		5	
8		9		1		4		
				5		7	8	

Shark

	8	7	9			5	4	
				6	5	1		
					7			
		6						3
9	7			1			5	4
1						2		
			7					
		9	6	4				
	4	8			9	3	7	

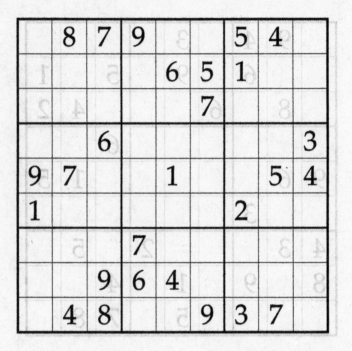

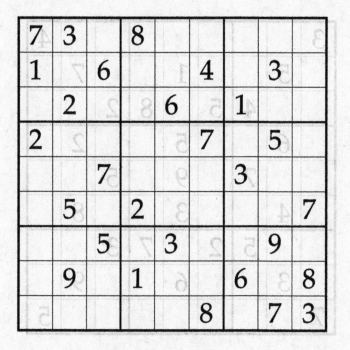

7	3		8					
1		6			4		3	
	2			6		1		
2					7		5	
		7				3		
	5		2					7
		5		3			9	
	9		1			6		8
					8		7	3

Shark

8

3								4
	5			1			7	
		4	5		8	2		
	6			5			2	
		7		9		5		
	4			3			8	
		5	2		7	3		
	3			6			9	
7								5

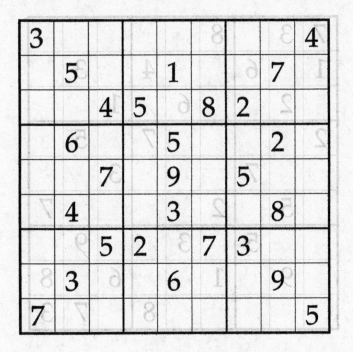

	5		8					
			5		9	6		2
	6	3	1			7		
	7					2	1	5
4	8	6					7	
		1			8	4	2	
2		8	9		1			
					4		9	

Shark

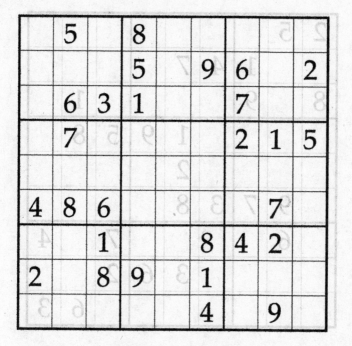

10

2	5							
		1	4	7				
8		9					1	
				1	9	5	8	
				2				
	9	7	3	8				
	6					7		4
				3	6	2		
							6	3

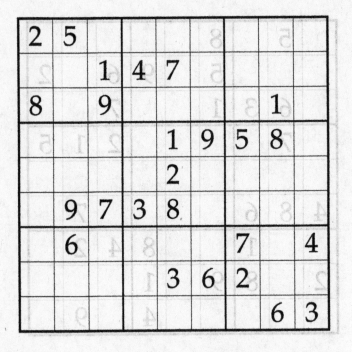

11

	3	4	2		6		7	
7				4				6
			9					5
2						6		4
	7			3			2	
4		3						8
8					1			
9				5				2
	2		4		9	8	1	

Shark

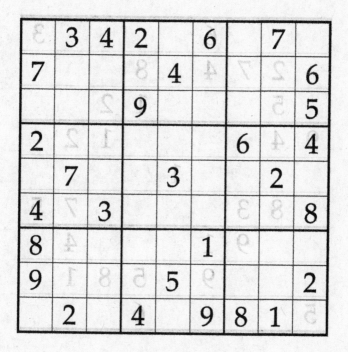

12

			6					3
	2	7	4		8			
	5				1	2		
9	4					1	2	
				1				
	8	3					7	5
		9	1				4	
			9		5	8	1	
5					6			

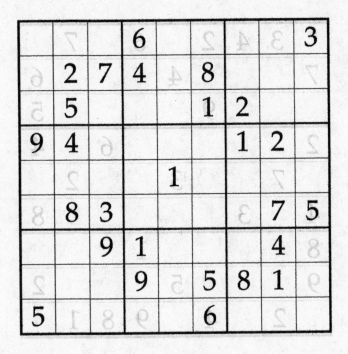

		8				1		
	9		4		7		5	
3				9				6
			7		9			
2		1		4		5		9
			2		8			
5				3				2
	1		5		2		4	
		7				6		

Shark

3				5			9	4
4			2					
		8			4	6		
		4	6		1		3	
9				2				8
	5		4		3	2		
		3	8			4		
					7			9
1	8			4				7

7			5	1		9		
	2		6				1	
9							8	
1		4	7					
	9	6				5	7	
					2	1		4
	7							3
	5				7		6	
		2		3	5			9

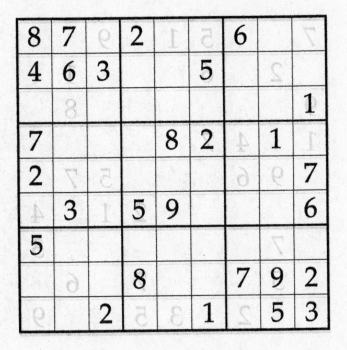

8	7		2			6		
4	6	3			5			
								1
7				8	2		1	
2								7
	3		5	9				6
5								
			8			7	9	2
		2			1		5	3

				2		7	1	
				4	1			9
		7	8			3		
1					8			3
	5		4		7		9	
3			5					2
		9			5	1		
8			1	7				
	3	1		8				

			9		4			
	8				1	2	4	
			5	6		1	8	
8		5					1	4
		4				7		
2	3					5		8
	4	9		5	3			
	6	8	1				2	
			6		8			

19

	5				3		4	9
9			6			3		2
		3					6	
	2			6				5
			4		1			
4				9			1	
	8					2		
6		9			2			8
5	1		7				3	

Shark

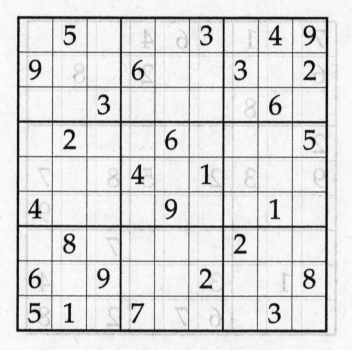

7		1		6	4			
6					2		8	
		8						
2								
9		3	2		5	8		7
								9
						7		
	1		3					4
			6	7		2		8

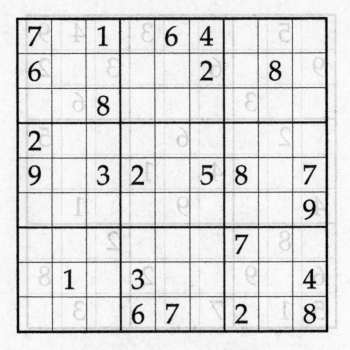

21

	4			3		5		
	2		6				4	9
7					9			
		4	8		5		6	
2								1
	6		3		4	2		
			9					4
5	8				2		9	
		7		8			2	

Shark

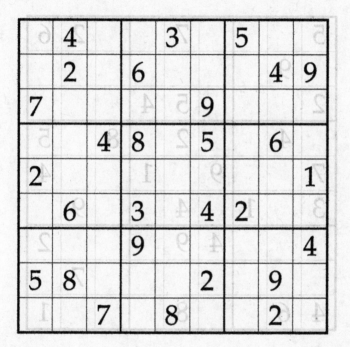

22

5				7			2	6
	9							
2				5	4			
	4			2		8		5
7			9		1			4
3		1		4			9	
			4	9				2
							7	
4	6			8				1

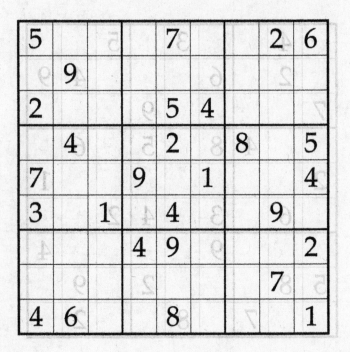

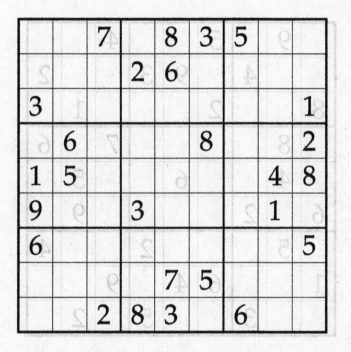

23

		7		8	3	5		
			2	6				
3								1
	6				8			2
1	5						4	8
9			3				1	
6								5
				7	5			
		2	8	3		6		

Shark

	9		5			4		
		4		9	3			2
8			2				1	
	8					7		6
	4			6			5	
6		2					9	
	5				2			4
1			6	4		9		
		3			5		2	

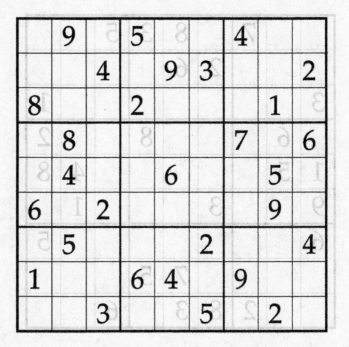

3	2	9	5					7
		5			7			1
					6		2	4
	9	2						5
				7				
7						8	1	
9	3		7					
2			8			1		
4					2	7	9	6

Shark

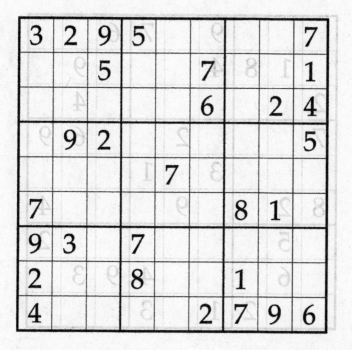

			9		7	6		
	1	8	4				9	
2							4	
7				2			6	9
			3		1			
8	2			9				4
	5							2
	6				4	9	3	
		2	1		3			

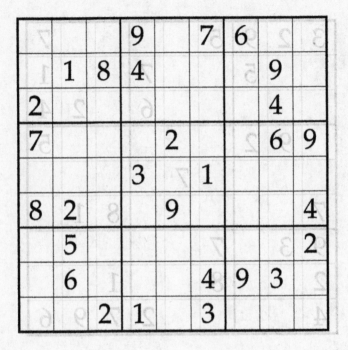

27

2			4	1				7
			8			3		
	6			5	3			
		7					4	8
5		2				1		9
6	3					7		
			1	8			9	
		9			4			
8				2	9			3

Shark

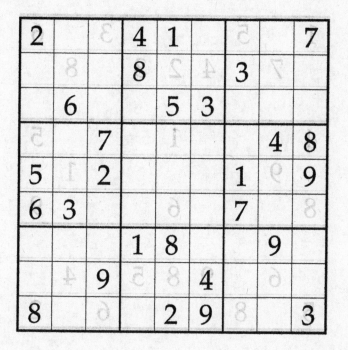

28

1		5				3		6
	7		4	2	3		8	
4				1				5
	9						1	
8				6				9
	6		9	8	5		4	
5		8				6		2

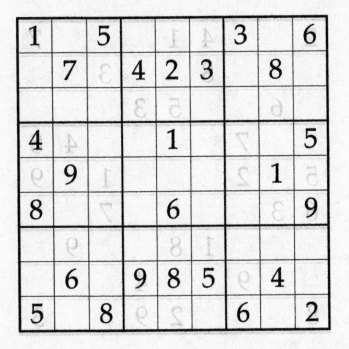

29

7	4		5			1	3	
2			4					
		6		9				
					9	3		
	2	9		4		7	1	
		7	2					
				5		2		
					4			6
	8	4			2		9	1

Shark

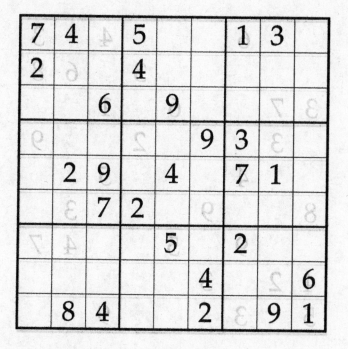

30

		6				4		3
					3		6	8
3	7			6		1		
	3				2			9
		4				5		
8			9				3	
		9		5			4	7
4	2		3					
5		3				9		

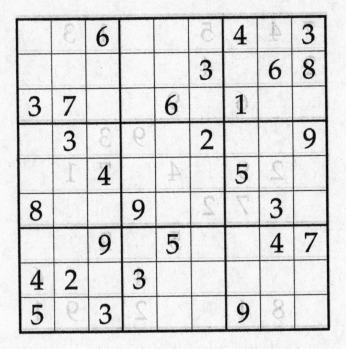

31

			7		8	5		
		1			2			
5		2	9			8	4	
2	6					4		7
1		5					6	3
	2	8			3	1		5
			5			6		
		3	1		9			

Shark

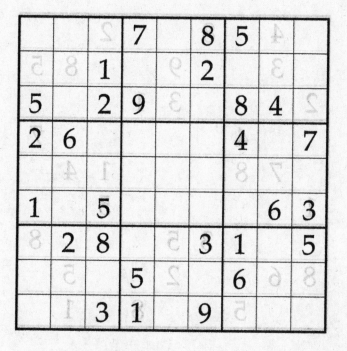

	4		8			2		
	3			9			8	5
2				3	1			
		4						7
	7	8				1	4	
1						5		
			3	5				8
8	6			2			5	
		5			8		1	

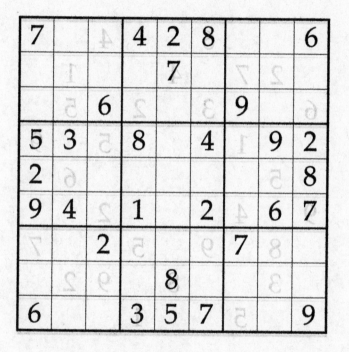

33

7			4	2	8			6
				7				
		6				9		
5	3		8		4		9	2
2								8
9	4		1		2		6	7
		2				7		
				8				
6			3	5	7			9

Shark

34

			6			4		
	2	7		4			1	
6			3		2		5	
		1				5		9
	5						6	
9		4				2		
	8		9		5			7
	3			8		9	2	
		5			1			

	5			4		2		
			8			4		
7	1		9					6
			2			9		1
2								5
3		8			7			
1					6		9	2
		2			8			
		6		2			4	

Shark

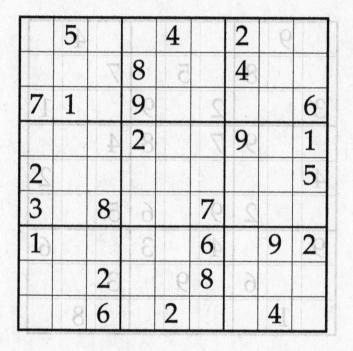

	9						4	
		8		5		7		
3			2		9			1
		9	7		8	4		
4								2
		2	9		6	5		
9			4		3			6
		6		9		3		
	1						8	

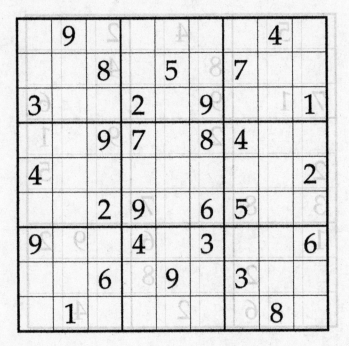

7	8			4	9		1	
	4	5		6		2	8	
		3	8					
1						7	4	
	5	4						2
					4	3		
	3	1		8		6	2	
	2		6	9			5	1

Shark

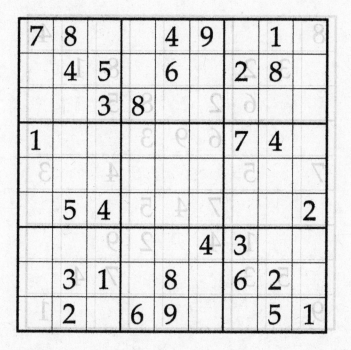

8								4
	3	2				8	1	
		6	2		8	5		
			6	9	3			
7		5				4		3
			7	4	5			
		1	4		2	9		
	5	3				7	4	
9								1

39

8				9			6	
1					2			7
	7	5	3					
				8			3	6
	1	8				2	5	
3	5			1				
					7	6	4	
4			1					8
	6			4				1

Shark

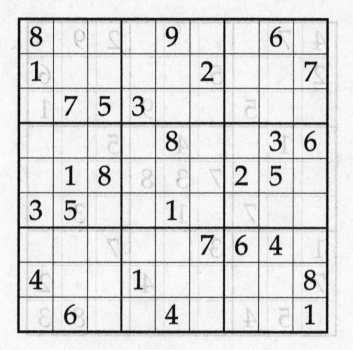

4	7					2	9	
2			5					6
		5			9			1
	1			4		5		
			7	3	8			
		7		1			3	
1			3			7		
7					4			2
	5	4					8	3

	8					1		
1		3	5			6	2	
	5			2			7	4
	4				5			
		8		3		2		
			6				5	
9	6			5			3	
	3	1			8	5		2
		5					1	

Shark

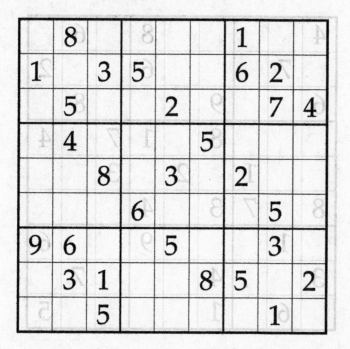

4					8		6	
	7				6			2
6			9				8	
			8		1	7		4
		1		2		3		
8		7	3		4			
	1				9			6
3			4				7	
	6		1					5

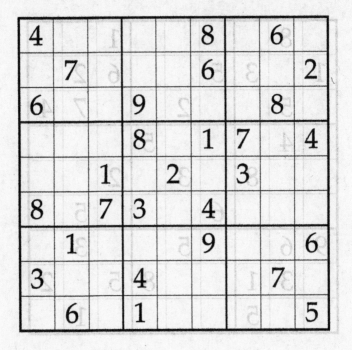

		5	9			3	1	
8	3					4	7	
6	2							8
			4		7			5
				2				
5			1		3			
9							2	7
	1	8					6	4
	7	6			5	1		

	2	7						4
4		1		2				
					9			7
		8			1			6
			2		5			
6			9			5		
9			8					
				1		7		9
5						6	1	

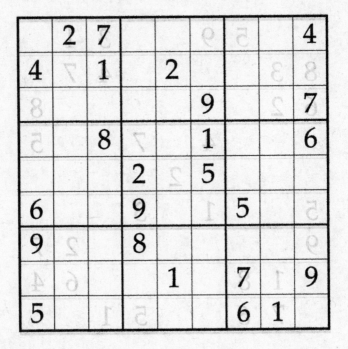

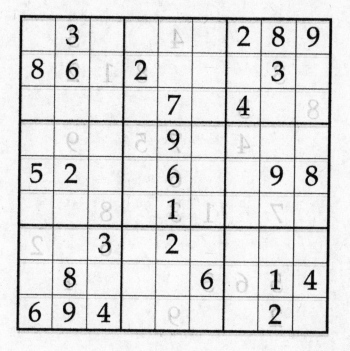

45

	3					2	8	9
8	6		2				3	
				7		4		
				9				
5	2			6			9	8
				1				
		3		2				
	8				6		1	4
6	9	4					2	

Shark

46

				4			3	
	3				8	1	2	
8		5						
		4		7	5		9	
				6				
	7		1	3		8		
						6		2
	5	6	3				4	
	2			9				

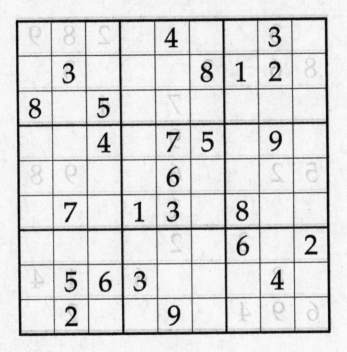

47

	5		6	1				8
9	1			3	8			
		3		4				
3							1	
1	4	5				6	8	3
	6							9
				5		7		
			1	7			2	5
5				9	3		4	

Shark

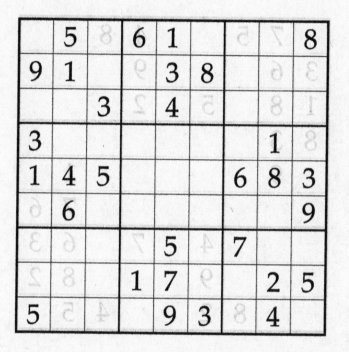

48

	7	5			4	8		
3	6				9			
1	8		5		2			
8	3							
	9						1	
							7	6
			4		7		6	3
			9				8	2
		8	2			4	5	

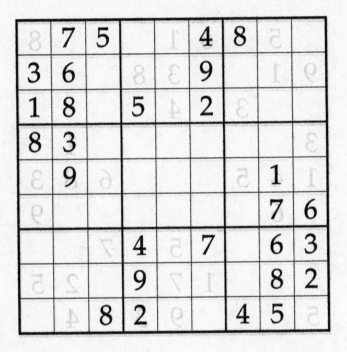

			2		9			
	3						6	
	9	5		1		2	8	
2				4				8
		9		8		7		
4				3				5
	7	4		6		8	2	
	2						5	
			4		5			

Shark

50

9			5			6		
	1	6						
4		5			9		3	
			9			3		
3		7		4		8		9
		2			6			
	6		2			1		8
						7	5	
		4			8			6

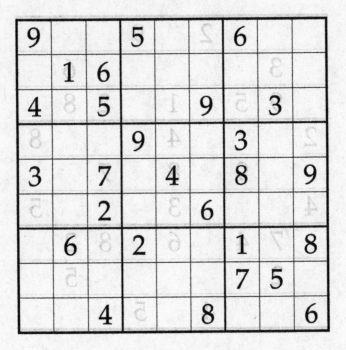

51

2			4	1				
				7			2	6
	7		6					5
1	3	9					7	8
6	8					3	4	9
4					9		8	
7	5			6				
				8	4			3

Shark

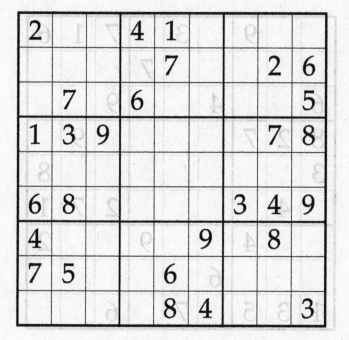

52

		9		3		7	1	6
					7			
6			4			9		
8	2	7					9	
3								8
	4					2	7	1
		4			9			2
			6					
1	3	5		7		6		

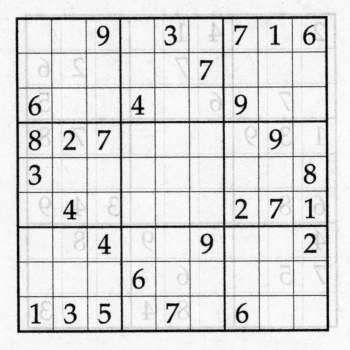

53

1			5		8			4
	3						2	
		5		4		9		
	5		9		6		4	
				5				
	8		1		4		7	
		4		1		3		
	9						6	
6			3		5			7

Shark

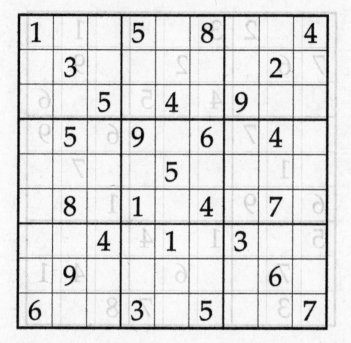

54

		2	3				1	
7	6			2			9	
			4		5			6
		7				6		9
	1						7	
6		9				1		
5			1		4			
	7			6			4	1
	3				7	8		

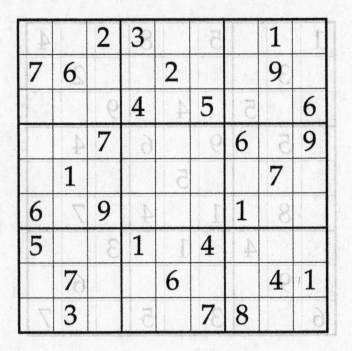

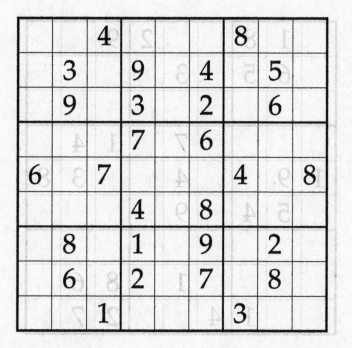

		4				8		
	3		9		4		5	
	9		3		2		6	
			7		6			
6		7				4		8
			4		8			
	8		1		9		2	
	6		2		7		8	
		1				3		

Shark

	1	8			2	9		
	6	5		3				
				7		1	4	
1	9			4			3	8
	5	4		9				
				1		8	6	
		1	4			2	7	

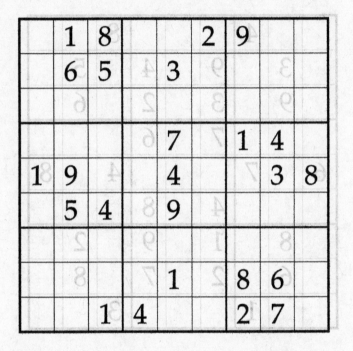

57

			8					7
	9				6		5	4
	4	5		1				
		9				5	1	
		7				4		
	3	2				9		
				5		7	2	
5	1		2				8	
2					9			

Shark

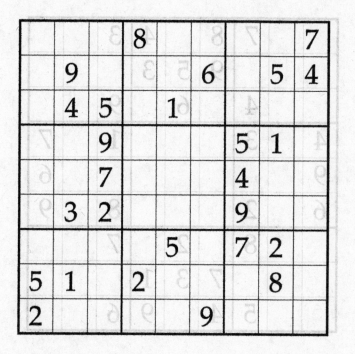

		7	8		4	3		
			9	5	3			
		4		6		9		
4		3				1		7
9								6
6		2				8		9
		8		2		7		
			7	3	1			
		5	4		9	6		

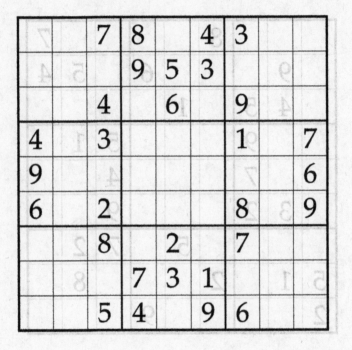

59

	6				7		2	
7		1	8					5
				5			7	
3			5		1		6	
		6		4		9		
	8		9		6			4
	5			3				
6					8	4		3
	3		1				9	

Shark

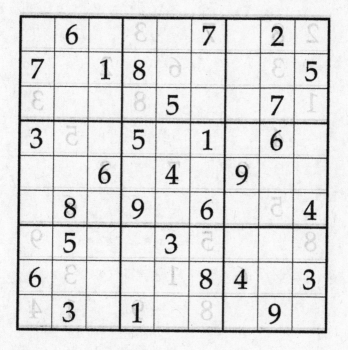

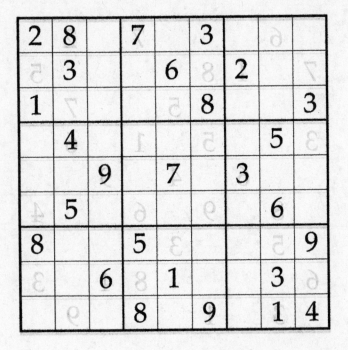

2	8		7		3			
	3			6		2		
1					8			3
	4						5	
		9		7		3		
	5						6	
8			5					9
		6		1			3	
			8		9		1	4

61

		1	9	3			2	
4			8					
3				2	4			
		5					9	
1	9			7			5	3
	2					7		
			3	8				1
					1			8
	1			5	7	6		

Shark

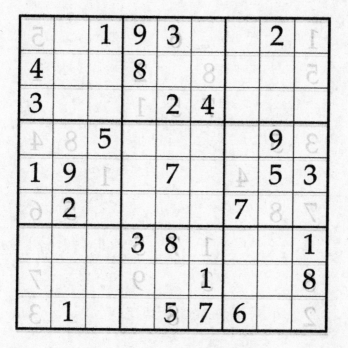

1				6				5
5			8		2			1
			7	5	1			
3	5						8	4
		4				1		
7	8						5	6
			1	7	5			
6			3		9			7
2				8				3

Su Doku

63

		9	1		3		7	4
	4							6
		3	7					
	8							
	3	7	2		1	4	9	
							2	
					4	1		
5							6	
3	9		8		7	2		

Shark

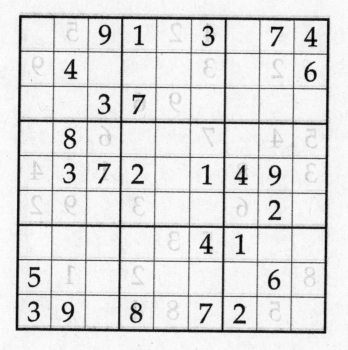

64

			4	2			5	
	2		3					9
				9	6			
5	4		7			6		
3		8				1		4
		6			3		9	2
			5	3				
8					2		1	
	5			8	4			

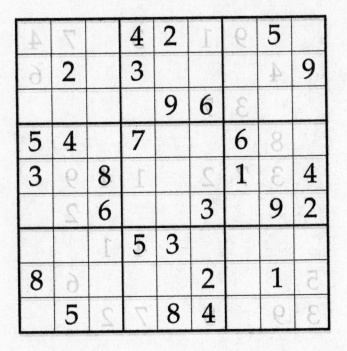

65

5					4	8		3
		7						
1		8	3			5	4	
8				5		4		
			9		6			
		6		3				7
	9	5			2	1		4
						7		
2		4	1					8

Shark

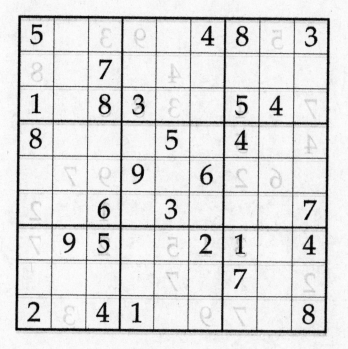

66

	5				9	3		
				4				8
7		4		3	8	6		
4		5						
	6	2				9	7	
						1		2
		3	1	5		2		7
2				7				
		7	9				3	

Su Doku

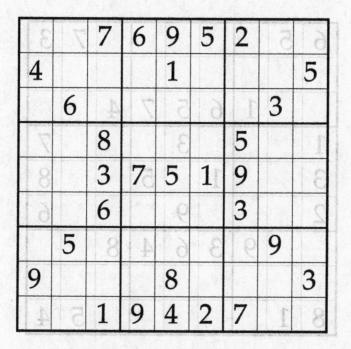

		7	6	9	5	2		
4				1				5
	6						3	
		8				5		
		3	7	5	1	9		
		6				3		
	5						9	
9				8				3
		1	9	4	2	7		

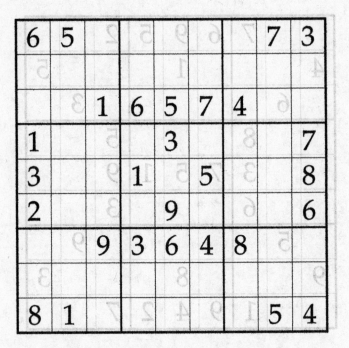

6	5						7	3
		1	6	5	7	4		
1				3				7
3			1		5			8
2				9				6
		9	3	6	4	8		
8	1						5	4

69

1			7	6		2		9
6						8		3
			3		4			
				7		4		
		7	2		1	6		
		4		3				
			1		9			
7		5						1
2		1		8	7			4

Shark

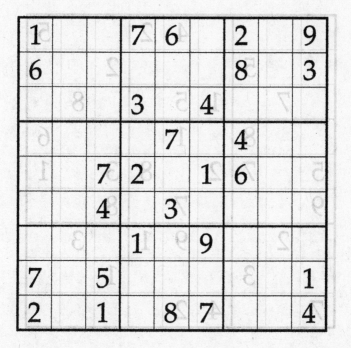

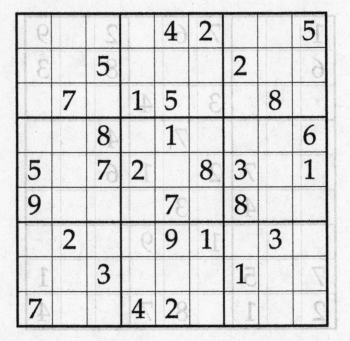

				4	2			5
		5				2		
	7		1	5			8	
		8		1				6
5		7	2		8	3		1
9				7		8		
	2			9	1		3	
		3				1		
7			4	2				

71

9			5	2			4	
		5	9	8		3		
		3		4	7			
6							9	1
		2				7		
7	9							4
			3	5		9		
		9		7	4	1		
	2			9	6			5

Shark

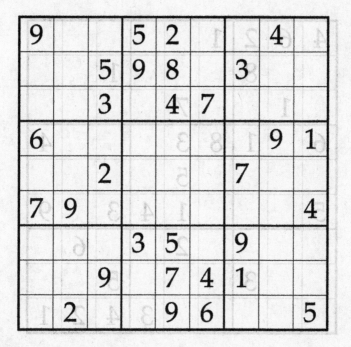

72

4	6	2	1					
		8				1		
	1			7				
6		1	8	3				4
				5				
5				1	4	3		9
				2			6	
		3				5		
					3	4	2	1

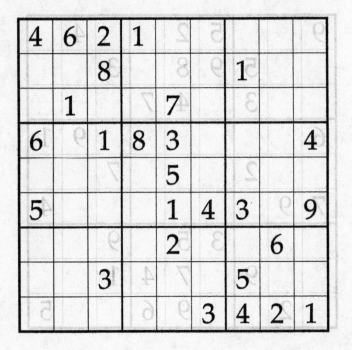

	1				2	5	7	
9	7						2	3
6			7					
3			2		7	8		
				6				
		7	3		1			2
					4			5
4	5						1	9
	3	9	5				4	

Shark

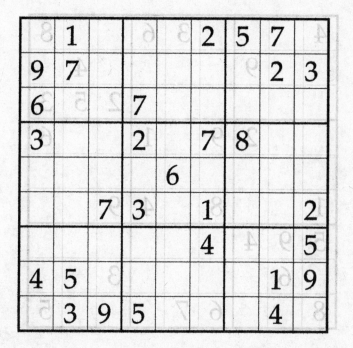

74

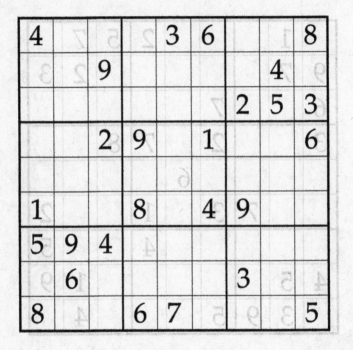

4				3	6			8
		9					4	
						2	5	3
		2	9		1			6
1			8		4	9		
5	9	4						
	6					3		
8			6	7				5

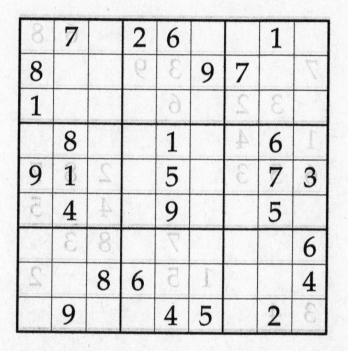

75

	7		2	6			1	
8					9	7		
1								
	8			1			6	
9	1			5			7	3
	4			9			5	
								6
		8	6					4
	9			4	5		2	

Shark

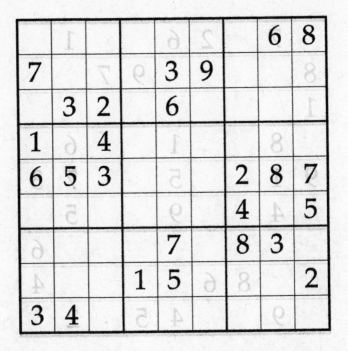

							6	8
7				3	9			
	3	2		6				
1		4						
6	5	3				2	8	7
						4		5
				7		8	3	
			1	5				2
3	4							

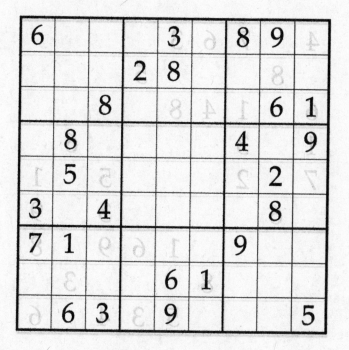

77

6				3		8	9	
			2	8				
		8					6	1
	8					4		9
	5						2	
3		4					8	
7	1					9		
				6	1			
	6	3		9				5

Shark

4		7	6	3				
	8				5			
6		1	4	8				
1		3					6	
7		2				5		1
	6					3		9
				1	6	9		8
			8				3	
				5	3	4		6

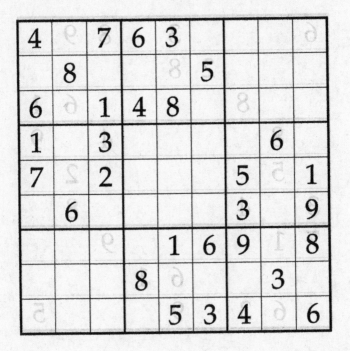

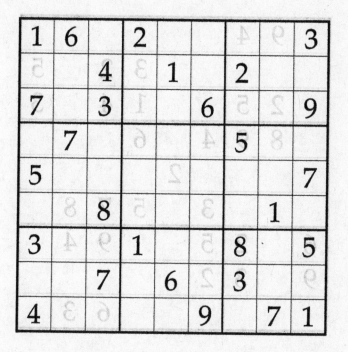

1	6		2					3
		4		1		2		
7		3			6			9
	7					5		
5								7
		8					1	
3			1			8		5
		7		6		3		
4					9		7	1

Shark

	9	4						
					3	2		5
	2	5			1	4		3
	8	9	4		6			
				2				
			3		5	7	8	
6		2	5			9	4	
9		3	2					
						6	3	

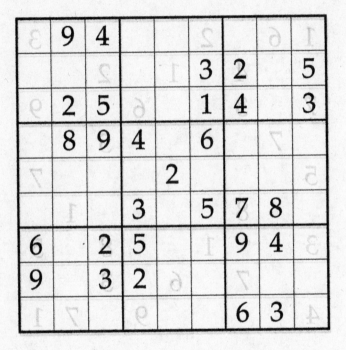

		8				4		
			6		4			
	3						5	
	5	1	7		6	9	2	
	2		1		5		8	
	4	7	9		8	1	3	
	7						9	
			8		7			
		6				3		

Shark

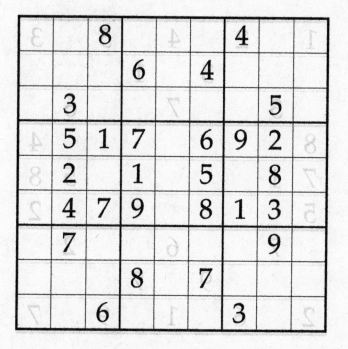

1		2		4		5		3
			3		1			
	3			7			6	
8								4
7	1						5	8
5								2
	7			6			2	
			9		7			
2		6		1		9		7

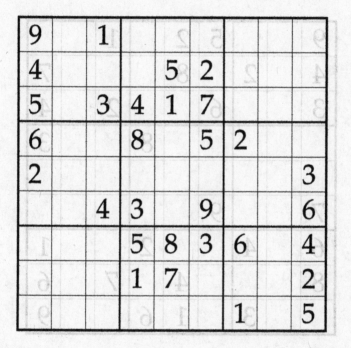

9		1						
4				5	2			
5		3	4	1	7			
6			8		5	2		
2								3
		4	3		9			6
			5	8	3	6		4
			1	7				2
						1		5

Shark

84

9			5	2		1		
4		2		8				7
3			6			2		4
					8			3
7			9					
6		4			2			1
8				4		7		6
		3		1	6			9

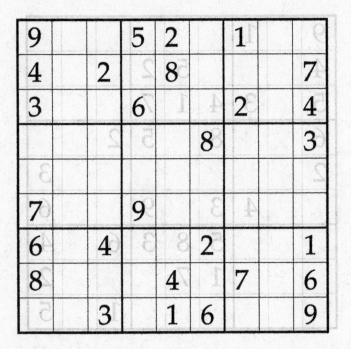

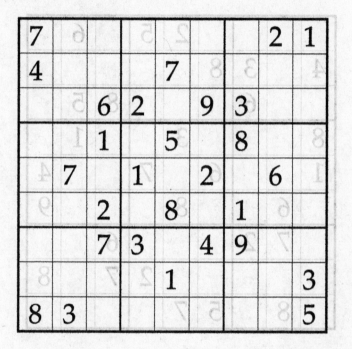

85

7							2	1
4				7				
		6	2		9	3		
		1		5		8		
	7		1		2		6	
		2		8		1		
		7	3		4	9		
				1				3
8	3							5

Shark

				2	5		6	
4		3	8					
		6				8	5	
8				3			1	
1			6		7			4
	6			8				9
	7	2				6		
					2	7		8
	8		5	7				

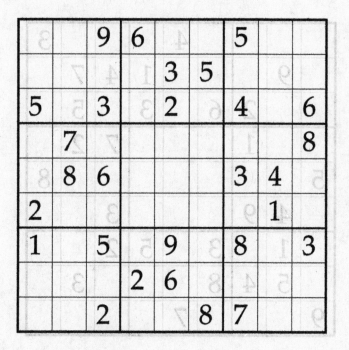

87

		9	6			5		
				3	5			
5		3		2		4		6
	7							8
	8	6				3	4	
2							1	
1		5		9		8		3
			2	6				
		2			8	7		

Shark

88

				4				3
	9				1	4	7	
		2	6		3		5	
		1				7	2	
5								8
	4	9				3		
	1		3		5	2		
	5	4	8				3	
9				7				

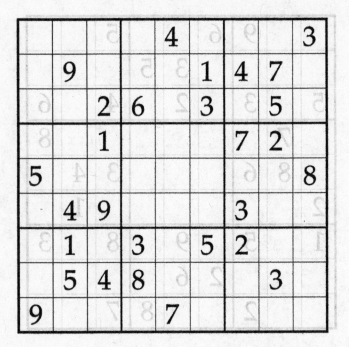

89

8						7	5	3
								4
5	3	2				8		
1		6	3		7			
			2		6			
			4		8	6		7
		7				1	6	2
2								
6	4	3						9

Shark

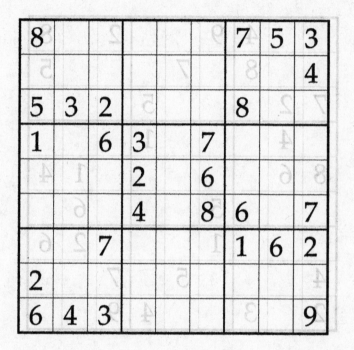

90

		4	9			2		8
		8		7				5
7	2				5			
	4				1			
8	6						1	4
			5				6	
			1				2	6
4				5		7		
2		3			4	9		

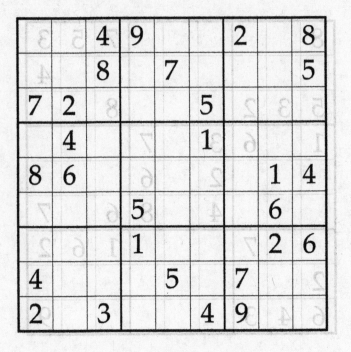

91

	3		7			2		1
8							9	
		5			2	8		7
4					3	5		
				2				
		8	4					6
5		4	1			6		
	7							4
9		6			4		3	

Shark

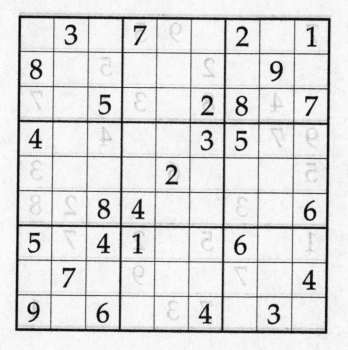

7				9	5			
			2			5		
	4		8		3			7
9	7					4		
5				6				3
		3					2	8
1			5		2		7	
		7			9			
			7	3				1

		7	8				9	6
							3	2
1					3	8		
6			4		9	7		
				5				
		9	3		1			5
		3	2					9
8	9							
7	1				8	2		

Shark

		1				5		
				6				
2			7	8	4			9
	1						8	
3		8				9		6
	4						7	
1			5	9	7			2
				1				
		4				3		

95

	5				8	3		
		3	6					5
8			3				7	
5			1		9	2	6	
				4				
	9	4	2		6			3
	1				3			9
7					2	1		
		6	5				2	

Shark

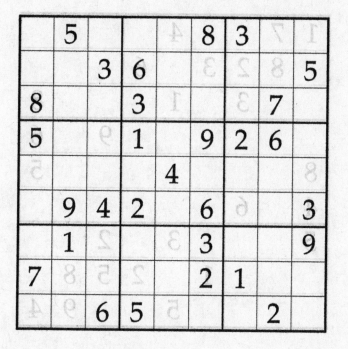

96

1	7			4				
	8	2	3		6			
		3		1				8
						9		6
8								5
4		6						
5				3		2		
			1		2	5	8	
				5			9	4

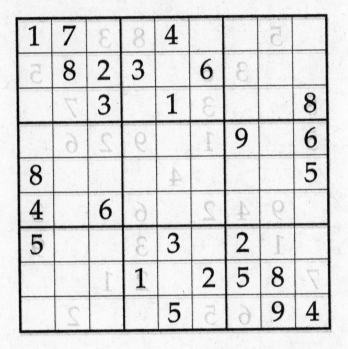

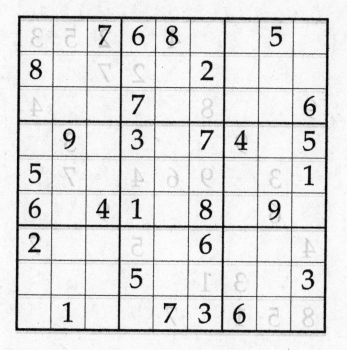

		7	6	8			5	
8					2			
			7					6
	9		3		7	4		5
5								1
6		4	1		8		9	
2					6			
			5					3
	1			7	3	6		

Shark

				4		2	5	3
					2	7		
9			8					4
		9					3	
	3		9	6	4		7	
	6					9		
4					5			7
		3	1					
8	5	1		7				

99

		1		9				
	2	8						
						1	2	7
		4			9		7	
6		5	7	4	2	3		8
	8		5			6		
1	3	6						
						4	6	
				3		2		

Shark

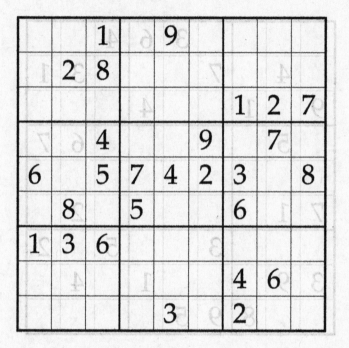

				3	6	4		
	4		7				3	1
9		1			4			
	5						6	7
7	1						2	
			3			5		2
3	9				1		4	
		8	9	5				

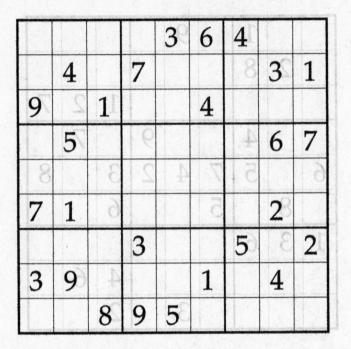

101

	6	4	3	9				
7								
			4			5		7
1				8	4			5
4								3
9			5	7				2
6		1			2			
								8
				1	6	7	2	

Shark

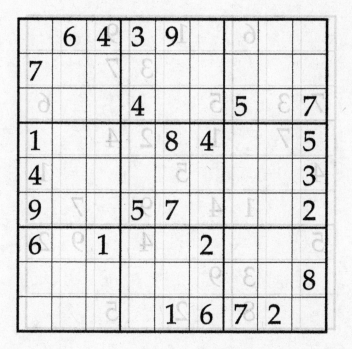

		6		1		9		
					3	7		
7	3		5					6
	7		1		2	4		
4				5				1
		1	4		9		7	
5					4		9	2
		3	9					
		8		2		5		

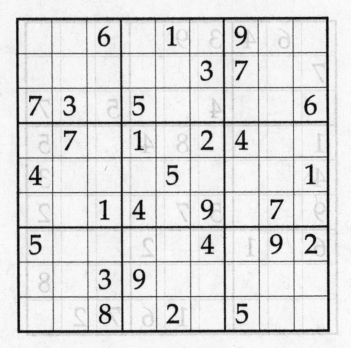

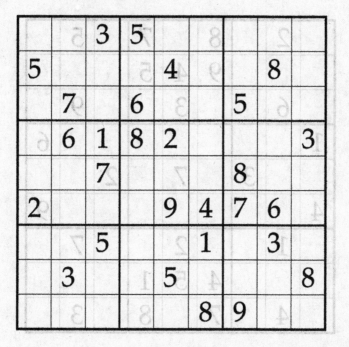

103

		3	5					
5				4			8	
	7		6			5		
	6	1	8	2				3
		7				8		
2				9	4	7	6	
		5			1		3	
	3			5				8
					8	9		

Shark

104

	2		8		7		5	
			9	4	5			
	6			3			9	
1								6
		3		7		2		
4								9
	1			2			7	
			4	5	1			
	4		7		8		3	

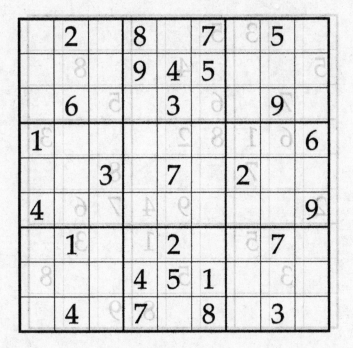

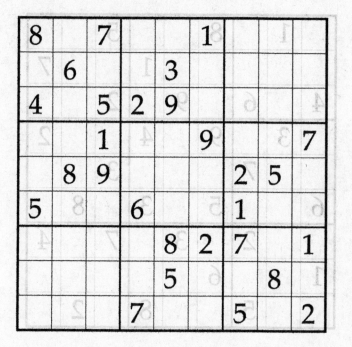

8		7			1			
	6			3				
4		5	2	9				
		1			9			7
	8	9				2	5	
5			6			1		
				8	2	7		1
				5			8	
			7			5		2

Shark

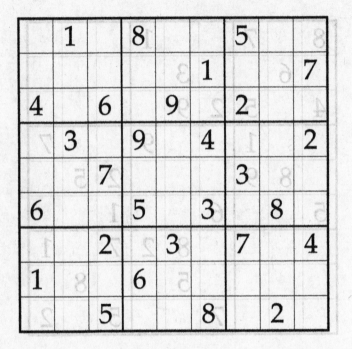

	1		8			5		
					1			7
4		6		9		2		
	3		9		4			2
		7				3		
6			5		3		8	
		2		3		7		4
1			6					
		5			8		2	

1		5			9	4		7
			1					
6			5	7				2
5						2	8	
		9		3		7		
	1	3						4
2				9	5			1
					6			
3		7	4			5		6

Shark

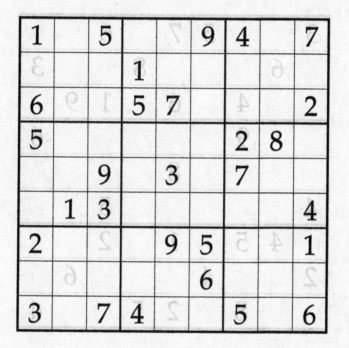

3			5	7		6		
	6				8			3
		4		6		1	9	
		9						6
				8				
4						5		
	4	5		1		2		
2			4				6	
		8		2	5			4

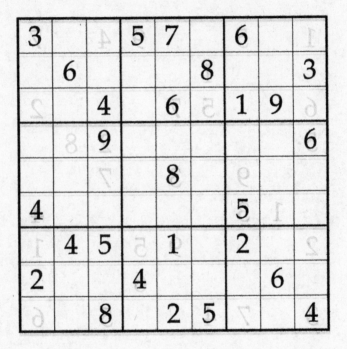

109

					4	8	3	
4	5		3	7			6	
6					5			
5		6					8	
	3						1	
	2					7		6
			7					1
	9			1	6		2	4
	4	2	5					

Shark

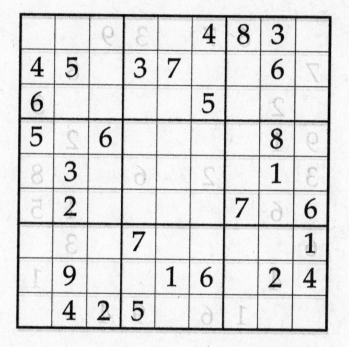

		6	7		3	9		
7							8	
	2							3
9	1						2	
3			2		6			8
	6						1	5
6							3	
	4							1
		1	6		9	4		

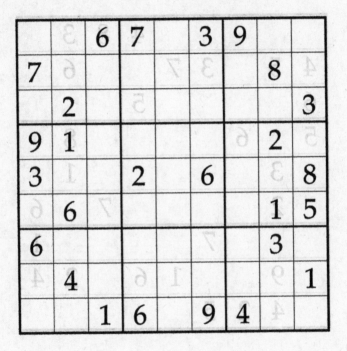

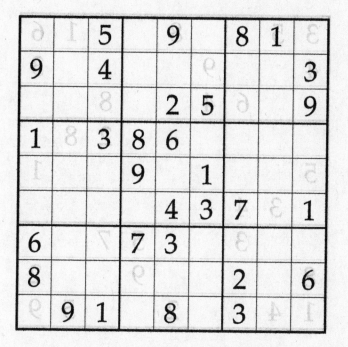

111

		5		9		8	1	
9		4						3
				2	5			9
1		3	8	6				
			9		1			
				4	3	7		1
6			7	3				
8						2		6
	9	1		8		3		

Shark

3	5			8			1	6
4			9					3
		6	4			8		
						2	8	
5								1
	3	4						
		3			5	7		
8					9			2
1	4			2			5	9

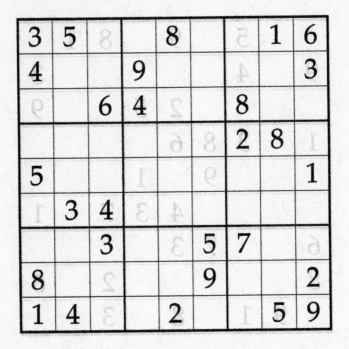

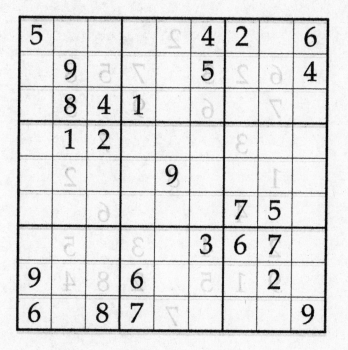

5					4	2		6
	9				5			4
	8	4	1					
	1	2						
				9				
						7	5	
					3	6	7	
9			6				2	
6		8	7					9

Shark

				2				
	6	2	3		7	5	8	
	7		6		9		3	
		3				7		
	1			8			2	
		4				6		
	2		4		3		5	
	9	1	5		2	8	4	
				7				

		9	4					1
	3							
5	4			1	9	2		8
		5						3
			5	6	1			
7						8		
1		3	2	5			4	6
							8	
2					8	3		

Shark

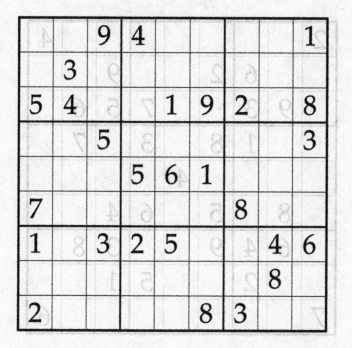

116

2								4
		6	2			9		
	9	3			7	5	6	
		1	8		3		7	
				4				
	8		5		6	4		
	6	4	9			3	8	
		2			5	1		
7								6

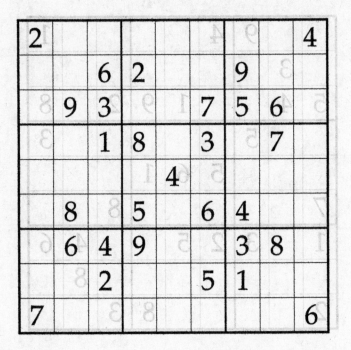

117

	9						6	
6	7				5		1	8
		5		7	6			
					4	3	9	
		8				6		
	6	3	9					
			2	6		1		
2	8		5				7	6
	5						2	

Shark

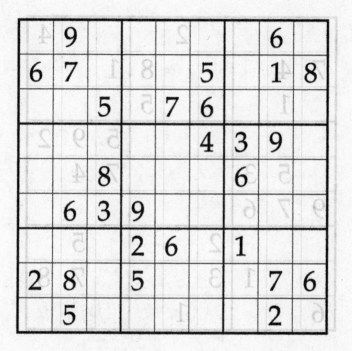

118

				2				4
7	4				8	1		
	1				5			
						5	9	2
	5	3				7	4	
9	7	6						
			2				5	
		1	3				7	8
6				1				

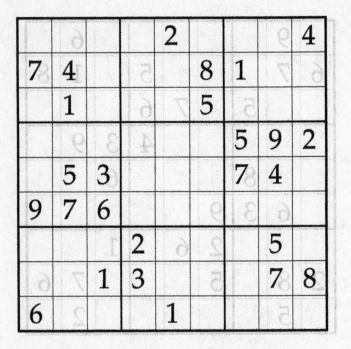

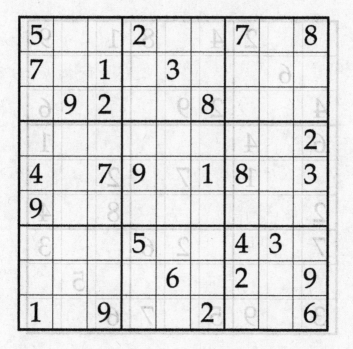

119

5			2			7		8
7		1		3				
	9	2			8			
								2
4		7	9		1	8		3
9								
			5			4	3	
				6		2		9
1		9			2			6

Shark

120

		2	4		8	1		9
	6							
4			2	9				6
6		4						1
		1		7		2		
2						8		4
7				2	6			3
							5	
3		9	5		7	6		

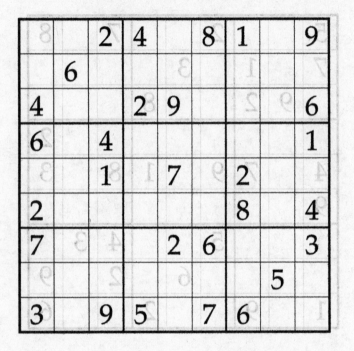

121

		7	1	5				
				6	2	3		
	3		8					7
	4					1		6
9	6			1			5	8
2		8					4	
3					1		8	
		6	3	4				
				7	5	4		

Shark

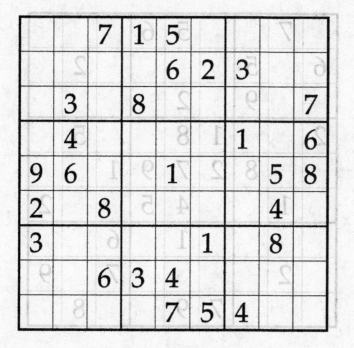

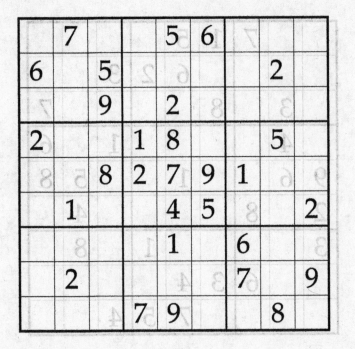

	7			5	6			
6		5					2	
		9		2				
2			1	8			5	
		8	2	7	9	1		
	1			4	5			2
				1		6		
	2					7		9
			7	9			8	

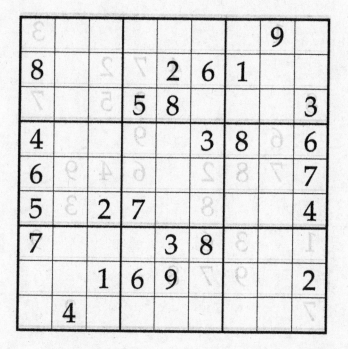

123

							9	
8				2	6	1		
			5	8				3
4					3	8		6
6								7
5		2	7					4
7				3	8			
		1	6	9				2
	4							

Shark

124

	1							3
				4	7	2		
8					3	5		7
	6				9			
	7	8	2		6	4	9	
			8				3	
1		3	6					9
		9	7	8				
7							2	

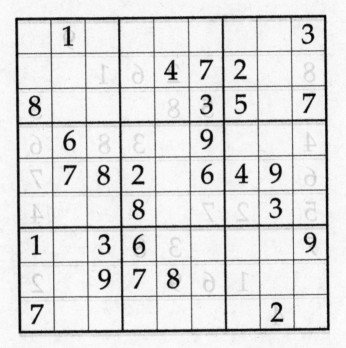

125

	9			1				
		4	6		5			3
			4		9		1	
	5	8				4	2	
6								7
	1	7				9	6	
	2		1		8			
5			3		6	1		
				7			5	

Shark

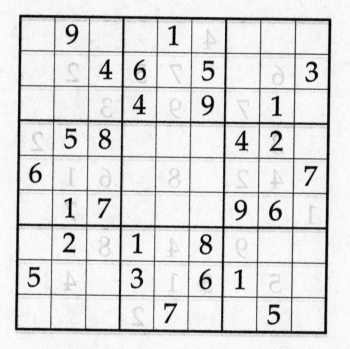

126

			4					
	6			7	5		2	
		7		9		3		
	3							2
	4	2		8		6	1	
1							7	
		9		4		8		
	5		3	1			4	
					2			

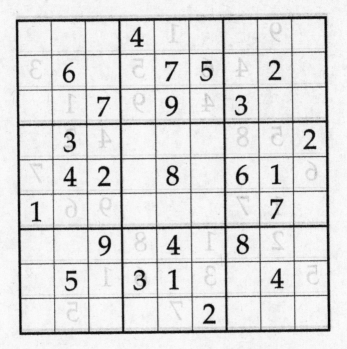

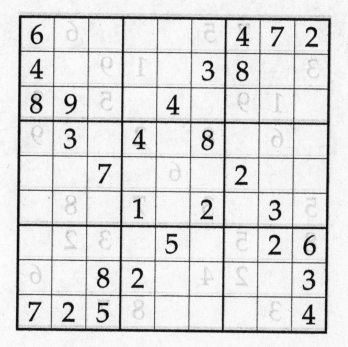

127

6						4	7	2
4					3	8		
8	9			4				
	3		4		8			
		7				2		
			1		2		3	
				5			2	6
		8	2					3
7	2	5						4

Shark

		7	5				6	
3					1	9		
	1	9				5		3
	6		8		2			9
				6				
5			3		7		8	
8		5				3	2	
		2	4					6
	3				8	7		

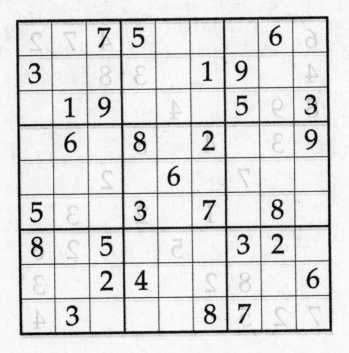

129

9	6			3				1
		1	8		4			6
							2	
	4		7		2		1	
6								4
	8		4		6		9	
	5							
4			3		1	8		
3				7			4	9

Shark

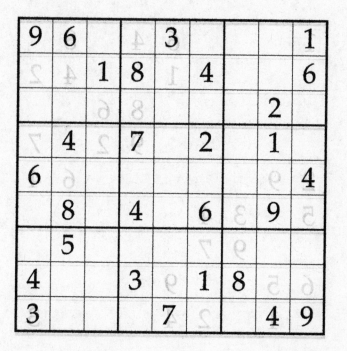

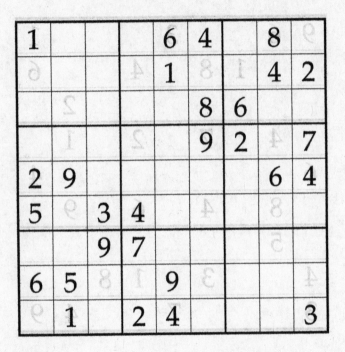

				6	4		8	
				1			4	2
					8	6		
					9	2		7
2	9						6	4
5		3	4					
		9	7					
6	5			9				
	1		2	4				3

1 at top-left cell.

	2				8	7		
			9	7				
		4					3	5
9						1	6	
4								7
	3	1						8
8	4					9		
				5	6			
		5	3				8	

Shark

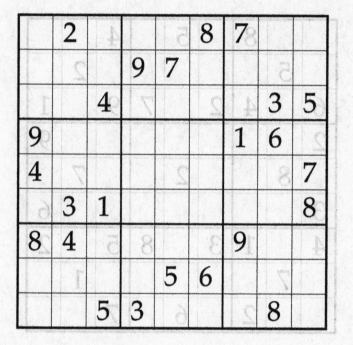

		8		5		4		
	5						2	
6		4	2		7	9		1
2								9
	8			2			7	
3								6
4		1	3		8	5		2
	7						1	
		2		6		7		

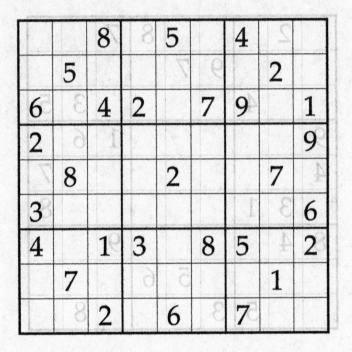

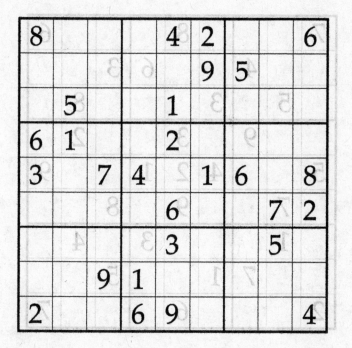

133

8				4	2			6
					9	5		
	5			1				
6	1			2				
3		7	4		1	6		8
				6			7	2
				3			5	
		9	1					
2			6	9				4

Shark

134

7				8				6
		4			6	3		
	5		3				8	
		9		3			2	
5			4	2	1			9
	7			9		8		
	1				3		4	
		7	1			5		
2				6				7

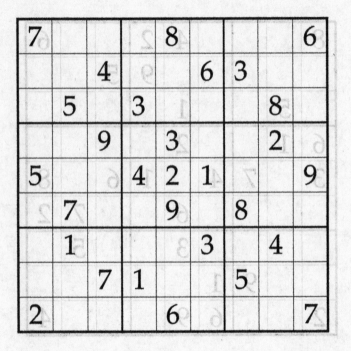

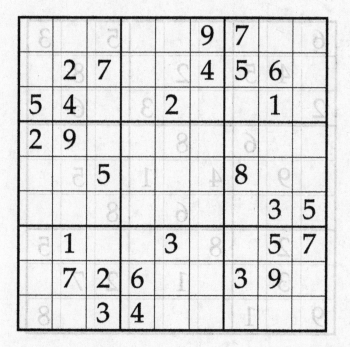

					9	7		
	2	7			4	5	6	
5	4			2			1	
2	9							
		5				8		
							3	5
	1			3			5	7
	7	2	6			3	9	
		3	4					

Shark

6						5		3
	4	5		2			8	
2					3		6	
		6		8				
	9		4		1		5	
				6		8		
	2		8					5
	3			1		2	7	
9		1						8

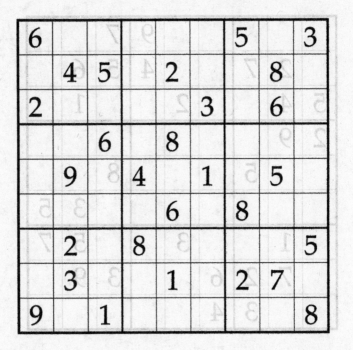

137

					3	9		
	4	3		1				2
					7	3		4
				9		4		8
2	1						9	6
5		4		8				
8		2	9					
4				6		8	7	
		1	7					

Shark

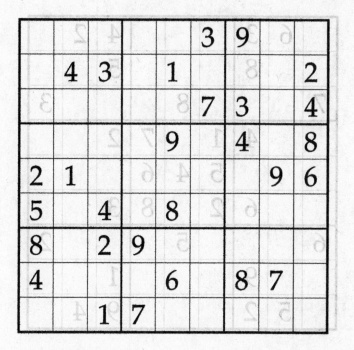

	6	3				4	2	
		8				5		
7				8				3
		4	1		7	2		
			5	4	6			
		6	2		8	3		
6				5				2
		9				1		
	5	2				9	4	

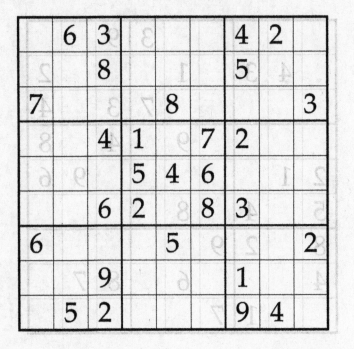

				8		5	1	6
				9		4		
	7	5						
					6		8	
6		9	1		8	2		7
	5		2					
						3	9	
		4		1				
8	9	1		2				

Shark

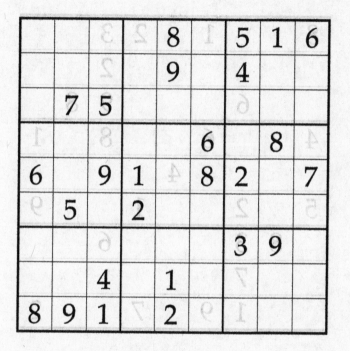

8			1		2	3		
						2		
		6				9	8	
4			6			8		1
				4				
5		2			1			9
	8	3				6		
		7						
		1	9		7			2

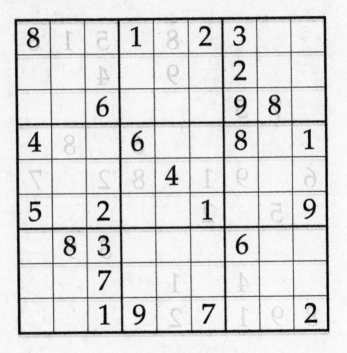

1					7			
		5	4	3				9
7		2	1	6			3	
9		1						
2								3
						6		1
	8			2	4	3		6
3				5	6	4		
			3					8

Shark

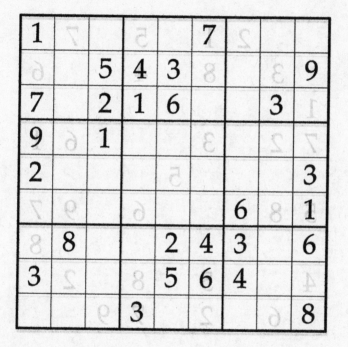

		2	1		5		7	
	3		8		4			6
1								
7	2		3				6	1
				5				
5	8				6		9	7
								8
4			5		8		2	
	6		2		7	9		

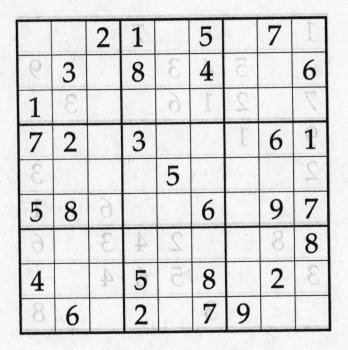

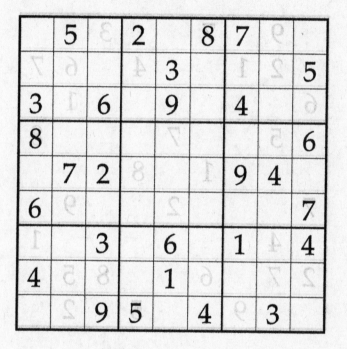

143

	5		2		8	7		
				3				5
3		6		9		4		
8								6
	7	2				9	4	
6								7
		3		6		1		4
4				1				
		9	5		4		3	

Shark

	9		7			3		
	2	1			4		6	7
6							1	
	5			7				8
			1		8			
7				2			9	
	4							1
2	7		6			8	5	
		9			5		2	

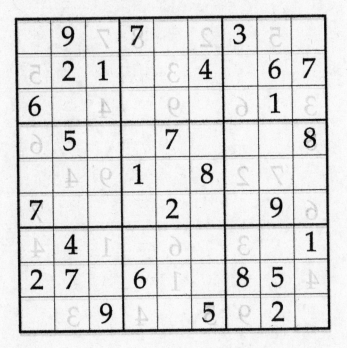

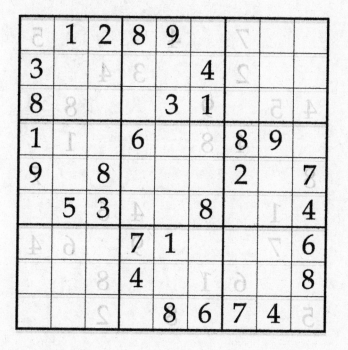

	1	2	8	9				
3					4			
8				3	1			
1			6			8	9	
9		8				2		7
	5	3			8			4
			7	1				6
			4					8
				8	6	7	4	

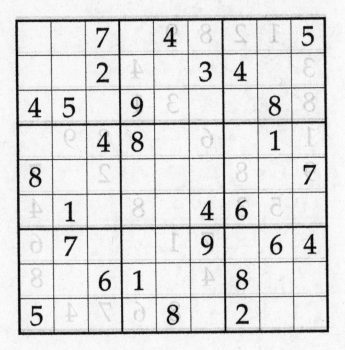

		7		4				5
		2			3	4		
4	5		9				8	
		4	8				1	
8								7
	1				4	6		
	7				9		6	4
		6	1			8		
5				8		2		

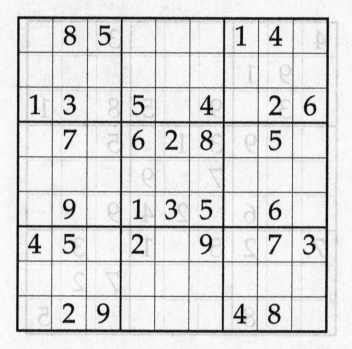

147

	8	5				1	4	
1	3		5		4		2	6
	7		6	2	8		5	
	9		1	3	5		6	
4	5		2		9		7	3
	2	9				4	8	

Shark

4						3		
	9	1						
	3		9		5	8		1
		9	3	1		5		
			7		9			
		6		2	4	9		
7		2	5		1		3	
						7	2	
		8						5

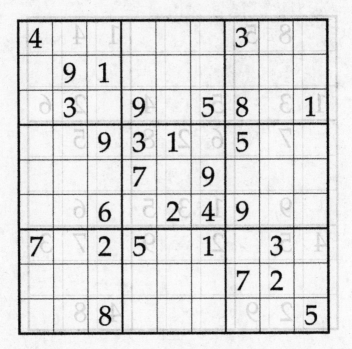

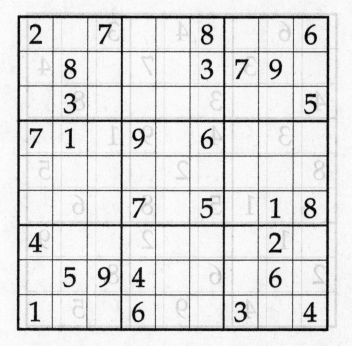

149

2		7			8			6
	8				3	7	9	
	3							5
7	1		9		6			
			7		5		1	8
4							2	
	5	9	4				6	
1			6			3		4

Shark

	6			4		3		
		3			7			4
4			3				8	
	3		4		9	1		
8				2				5
		1	5		8		6	
	1				2			9
2			6			8		
		4		9			5	

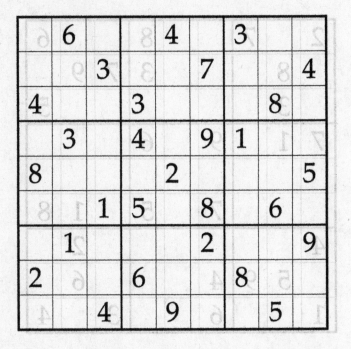

Solutions

Solutions

1

2	4	7	8	9	5	3	6	1
1	9	8	3	7	6	4	5	2
6	3	5	4	1	2	7	8	9
7	2	4	1	5	8	6	9	3
8	6	9	7	2	3	5	1	4
3	5	1	9	6	4	2	7	8
9	8	2	6	3	7	1	4	5
5	1	6	2	4	9	8	3	7
4	7	3	5	8	1	9	2	6

2

6	8	4	3	9	7	5	1	2
5	7	9	6	2	1	8	3	4
2	1	3	5	4	8	9	6	7
8	6	5	9	3	2	7	4	1
1	3	7	8	5	4	2	9	6
4	9	2	7	1	6	3	5	8
9	4	8	2	6	3	1	7	5
7	5	1	4	8	9	6	2	3
3	2	6	1	7	5	4	8	9

Solutions

3

1	9	8	4	5	2	7	6	3
7	5	2	9	6	3	8	4	1
3	6	4	1	8	7	9	5	2
9	3	7	6	4	5	2	1	8
5	8	6	7	2	1	3	9	4
4	2	1	8	3	9	5	7	6
2	4	9	5	1	8	6	3	7
8	1	5	3	7	6	4	2	9
6	7	3	2	9	4	1	8	5

4

5	8	4	7	2	6	3	9	1
6	7	1	4	9	3	2	8	5
3	2	9	1	8	5	4	6	7
8	9	6	2	1	7	5	3	4
2	5	7	8	3	4	6	1	9
4	1	3	6	5	9	8	7	2
9	4	5	3	6	1	7	2	8
7	3	8	9	4	2	1	5	6
1	6	2	5	7	8	9	4	3

5

1	9	4	2	3	5	8	6	7
2	7	6	4	9	8	5	3	1
3	8	5	6	7	1	9	4	2
7	1	8	5	2	3	6	9	4
9	6	2	8	4	7	3	1	5
5	4	3	1	6	9	2	7	8
4	3	7	9	8	2	1	5	6
8	5	9	7	1	6	4	2	3
6	2	1	3	5	4	7	8	9

6

6	8	7	9	3	1	5	4	2
4	9	2	8	6	5	1	3	7
5	3	1	4	2	7	9	6	8
8	2	6	5	9	4	7	1	3
9	7	3	2	1	8	6	5	4
1	5	4	3	7	6	2	8	9
3	6	5	7	8	2	4	9	1
7	1	9	6	4	3	8	2	5
2	4	8	1	5	9	3	7	6

7

7	3	9	8	5	1	2	4	6
1	8	6	9	2	4	7	3	5
5	2	4	7	6	3	1	8	9
2	6	8	3	1	7	9	5	4
9	4	7	5	8	6	3	1	2
3	5	1	2	4	9	8	6	7
8	7	5	6	3	2	4	9	1
4	9	3	1	7	5	6	2	8
6	1	2	4	9	8	5	7	3

8

3	7	1	9	2	6	8	5	4
8	5	2	4	1	3	6	7	9
6	9	4	5	7	8	2	3	1
1	6	3	8	5	4	9	2	7
2	8	7	6	9	1	5	4	3
5	4	9	7	3	2	1	8	6
9	1	5	2	4	7	3	6	8
4	3	8	1	6	5	7	9	2
7	2	6	3	8	9	4	1	5

9

9	5	2	8	6	7	3	4	1
7	1	4	5	3	9	6	8	2
8	6	3	1	4	2	7	5	9
3	7	9	4	8	6	2	1	5
1	2	5	7	9	3	8	6	4
4	8	6	2	1	5	9	7	3
6	9	1	3	5	8	4	2	7
2	4	8	9	7	1	5	3	6
5	3	7	6	2	4	1	9	8

10

2	5	4	9	6	1	3	7	8
6	3	1	4	7	8	9	2	5
8	7	9	2	5	3	4	1	6
4	2	3	6	1	9	5	8	7
5	8	6	7	2	4	1	3	9
1	9	7	3	8	5	6	4	2
3	6	8	1	9	2	7	5	4
7	4	5	8	3	6	2	9	1
9	1	2	5	4	7	8	6	3

11

5	3	4	2	8	6	1	7	9
7	9	2	1	4	5	3	8	6
1	6	8	9	7	3	2	4	5
2	8	1	5	9	7	6	3	4
6	7	9	8	3	4	5	2	1
4	5	3	6	1	2	7	9	8
8	4	6	7	2	1	9	5	3
9	1	7	3	5	8	4	6	2
3	2	5	4	6	9	8	1	7

12

4	9	1	6	5	2	7	8	3
3	2	7	4	9	8	6	5	1
6	5	8	3	7	1	2	9	4
9	4	6	5	3	7	1	2	8
2	7	5	8	1	4	3	6	9
1	8	3	2	6	9	4	7	5
8	6	9	1	2	3	5	4	7
7	3	2	9	4	5	8	1	6
5	1	4	7	8	6	9	3	2

13

7	6	**8**	3	2	5	**1**	9	4
1	**9**	2	**4**	6	**7**	8	**5**	3
3	4	5	8	**9**	1	2	7	**6**
8	3	6	**7**	5	**9**	4	2	1
2	7	**1**	6	**4**	3	**5**	8	**9**
4	5	9	**2**	1	**8**	3	6	7
5	8	4	9	**3**	6	7	1	**2**
6	**1**	3	**5**	7	**2**	9	**4**	8
9	2	**7**	1	8	4	**6**	3	5

14

3	6	2	1	**5**	8	7	**9**	**4**
4	9	7	**2**	3	6	5	8	1
5	1	**8**	9	7	**4**	**6**	2	3
7	2	**4**	**6**	8	**1**	9	**3**	5
9	3	6	7	**2**	5	1	4	**8**
8	**5**	1	**4**	9	**3**	**2**	7	6
6	7	**3**	**8**	1	9	**4**	5	2
2	4	5	3	6	**7**	8	1	**9**
1	**8**	9	5	**4**	2	3	6	**7**

15

7	4	8	5	1	3	9	2	6
3	2	5	6	8	9	4	1	7
9	6	1	2	7	4	3	8	5
1	3	4	7	5	8	6	9	2
2	9	6	3	4	1	5	7	8
5	8	7	9	6	2	1	3	4
4	7	9	1	2	6	8	5	3
8	5	3	4	9	7	2	6	1
6	1	2	8	3	5	7	4	9

16

8	7	1	2	4	9	6	3	5
4	6	3	7	1	5	9	2	8
9	2	5	6	3	8	4	7	1
7	4	6	3	8	2	5	1	9
2	5	9	1	6	4	3	8	7
1	3	8	5	9	7	2	4	6
5	8	7	9	2	3	1	6	4
3	1	4	8	5	6	7	9	2
6	9	2	4	7	1	8	5	3

Su Doku

17

9	8	5	6	**2**	3	**7**	**1**	4
2	6	3	7	**4**	**1**	5	8	**9**
4	1	**7**	**8**	5	9	**3**	2	6
1	7	4	2	9	**8**	6	5	**3**
6	**5**	2	**4**	3	**7**	8	**9**	1
3	9	8	**5**	1	6	4	7	**2**
7	2	**9**	3	6	**5**	**1**	4	8
8	4	6	**1**	**7**	2	9	**3**	5
5	**3**	**1**	9	**8**	4	2	6	7

18

1	5	2	**9**	8	**4**	3	7	6
9	**8**	6	7	3	**1**	**2**	**4**	5
4	7	3	**5**	**6**	2	**1**	**8**	9
8	9	**5**	3	2	7	6	**1**	**4**
6	1	**4**	8	9	5	**7**	3	2
2	**3**	7	4	1	6	**5**	9	**8**
7	**4**	**9**	2	**5**	**3**	8	6	1
5	**6**	**8**	**1**	7	9	4	**2**	3
3	2	1	**6**	4	**8**	9	5	7

19

2	5	6	8	1	3	7	4	9
9	4	1	6	7	5	3	8	2
8	7	3	9	2	4	5	6	1
1	2	7	3	6	8	4	9	5
3	9	8	4	5	1	6	2	7
4	6	5	2	9	7	8	1	3
7	8	4	1	3	9	2	5	6
6	3	9	5	4	2	1	7	8
5	1	2	7	8	6	9	3	4

20

7	5	1	8	6	4	9	3	2
6	3	9	7	5	2	4	8	1
4	2	8	1	9	3	5	7	6
2	8	6	9	3	7	1	4	5
9	4	3	2	1	5	8	6	7
1	7	5	4	8	6	3	2	9
8	6	2	5	4	9	7	1	3
5	1	7	3	2	8	6	9	4
3	9	4	6	7	1	2	5	8

21

9	4	6	2	3	7	5	1	8
3	2	1	6	5	8	7	4	9
7	5	8	1	4	9	6	3	2
1	7	4	8	2	5	9	6	3
2	3	5	7	9	6	4	8	1
8	6	9	3	1	4	2	7	5
6	1	2	9	7	3	8	5	4
5	8	3	4	6	2	1	9	7
4	9	7	5	8	1	3	2	6

22

5	3	4	8	7	9	1	2	6
8	9	7	6	1	2	5	4	3
2	1	6	3	5	4	7	8	9
6	4	9	7	2	3	8	1	5
7	8	5	9	6	1	2	3	4
3	2	1	5	4	8	6	9	7
1	7	8	4	9	5	3	6	2
9	5	2	1	3	6	4	7	8
4	6	3	2	8	7	9	5	1

23

2	4	7	1	8	3	5	6	9
8	1	5	2	6	9	4	3	7
3	9	6	5	4	7	2	8	1
7	6	4	9	1	8	3	5	2
1	5	3	7	2	6	9	4	8
9	2	8	3	5	4	7	1	6
6	3	1	4	9	2	8	7	5
4	8	9	6	7	5	1	2	3
5	7	2	8	3	1	6	9	4

24

2	9	7	5	1	6	4	8	3
5	1	4	8	9	3	6	7	2
8	3	6	2	7	4	5	1	9
9	8	5	3	2	1	7	4	6
3	4	1	7	6	9	2	5	8
6	7	2	4	5	8	3	9	1
7	5	9	1	3	2	8	6	4
1	2	8	6	4	7	9	3	5
4	6	3	9	8	5	1	2	7

25

3	2	9	5	4	1	6	8	7
6	4	5	2	8	7	9	3	1
1	8	7	3	9	6	5	2	4
8	9	2	6	1	3	4	7	5
5	1	4	9	7	8	3	6	2
7	6	3	4	2	5	8	1	9
9	3	1	7	6	4	2	5	8
2	7	6	8	5	9	1	4	3
4	5	8	1	3	2	7	9	6

26

4	3	5	9	8	7	6	2	1
6	1	8	4	3	2	7	9	5
2	7	9	6	1	5	8	4	3
7	4	1	5	2	8	3	6	9
5	9	6	3	4	1	2	8	7
8	2	3	7	9	6	5	1	4
3	5	4	8	6	9	1	7	2
1	6	7	2	5	4	9	3	8
9	8	2	1	7	3	4	5	6

27

2	8	3	4	1	6	9	5	7
4	7	5	8	9	2	3	6	1
9	6	1	7	5	3	2	8	4
1	9	7	2	3	5	6	4	8
5	4	2	6	7	8	1	3	9
6	3	8	9	4	1	7	2	5
3	2	4	1	8	7	5	9	6
7	5	9	3	6	4	8	1	2
8	1	6	5	2	9	4	7	3

28

1	4	5	8	9	7	3	2	6
6	7	9	4	2	3	5	8	1
2	8	3	6	5	1	9	7	4
4	2	7	3	1	9	8	6	5
3	9	6	5	4	8	2	1	7
8	5	1	7	6	2	4	3	9
9	1	4	2	3	6	7	5	8
7	6	2	9	8	5	1	4	3
5	3	8	1	7	4	6	9	2

29

7	**4**	8	**5**	2	6	**1**	**3**	9
2	9	3	**4**	8	1	6	5	7
5	1	**6**	3	**9**	7	4	8	2
1	6	5	8	7	**9**	**3**	2	4
8	**2**	**9**	6	**4**	3	**7**	**1**	5
4	3	**7**	**2**	1	5	9	6	8
6	7	1	9	**5**	8	**2**	4	3
9	5	2	1	3	**4**	8	7	**6**
3	**8**	**4**	7	6	**2**	5	**9**	**1**

30

1	5	**6**	8	2	7	**4**	9	**3**
9	4	2	5	1	**3**	7	**6**	**8**
3	**7**	8	4	**6**	9	**1**	5	2
7	**3**	5	1	4	**2**	6	8	**9**
2	9	**4**	6	3	8	**5**	7	1
8	6	1	**9**	7	5	2	**3**	4
6	8	**9**	2	**5**	1	3	**4**	**7**
4	**2**	7	**3**	9	6	8	1	5
5	1	**3**	7	8	4	**9**	2	6

31

3	9	6	7	4	8	5	1	2
8	4	1	6	5	2	3	7	9
5	7	2	9	3	1	8	4	6
2	6	9	3	1	5	4	8	7
4	3	7	8	9	6	2	5	1
1	8	5	2	7	4	9	6	3
7	2	8	4	6	3	1	9	5
9	1	4	5	2	7	6	3	8
6	5	3	1	8	9	7	2	4

32

5	4	9	8	7	6	2	3	1
7	3	1	4	9	2	6	8	5
2	8	6	5	3	1	4	7	9
6	5	4	9	1	3	8	2	7
9	7	8	2	6	5	1	4	3
1	2	3	7	8	4	5	9	6
4	1	2	3	5	7	9	6	8
8	6	7	1	2	9	3	5	4
3	9	5	6	4	8	7	1	2

33

7	1	9	4	2	8	3	5	6
4	5	3	9	7	6	8	2	1
8	2	6	5	1	3	9	7	4
5	3	7	8	6	4	1	9	2
2	6	1	7	9	5	4	3	8
9	4	8	1	3	2	5	6	7
3	9	2	6	4	1	7	8	5
1	7	5	2	8	9	6	4	3
6	8	4	3	5	7	2	1	9

34

5	1	3	6	7	8	4	9	2
8	2	7	5	4	9	6	1	3
6	4	9	3	1	2	7	5	8
3	7	1	4	2	6	5	8	9
2	5	8	1	9	7	3	6	4
9	6	4	8	5	3	2	7	1
4	8	2	9	6	5	1	3	7
1	3	6	7	8	4	9	2	5
7	9	5	2	3	1	8	4	6

35

8	5	9	6	4	3	2	1	7
6	2	3	8	7	1	4	5	9
7	1	4	9	5	2	3	8	6
5	6	7	2	8	4	9	3	1
2	4	1	3	6	9	8	7	5
3	9	8	5	1	7	6	2	4
1	8	5	4	3	6	7	9	2
4	7	2	1	9	8	5	6	3
9	3	6	7	2	5	1	4	8

36

5	9	1	6	3	7	2	4	8
6	2	8	1	5	4	7	3	9
3	7	4	2	8	9	6	5	1
1	5	9	7	2	8	4	6	3
4	6	7	3	1	5	8	9	2
8	3	2	9	4	6	5	1	7
9	8	5	4	7	3	1	2	6
2	4	6	8	9	1	3	7	5
7	1	3	5	6	2	9	8	4

37

7	**8**	6	2	**4**	**9**	5	**1**	3
9	**4**	**5**	3	**6**	1	**2**	**8**	7
2	1	**3**	**8**	5	7	9	6	4
1	9	8	5	3	2	**7**	**4**	6
3	7	2	4	1	6	8	9	5
6	**5**	**4**	9	7	8	1	3	**2**
5	6	9	1	2	**4**	**3**	7	8
4	**3**	**1**	7	**8**	5	**6**	**2**	9
8	**2**	7	**6**	**9**	3	4	**5**	**1**

38

8	9	7	5	1	6	3	2	**4**
5	**3**	**2**	9	7	4	**8**	**1**	6
1	4	**6**	**2**	3	**8**	**5**	7	9
4	2	8	**6**	**9**	**3**	1	5	7
7	6	**5**	8	2	1	**4**	9	**3**
3	1	9	**7**	**4**	**5**	6	8	2
6	7	**1**	**4**	8	**2**	**9**	3	5
2	**5**	**3**	1	6	9	**7**	**4**	8
9	8	4	3	5	7	2	6	**1**

39

8	2	4	7	9	1	3	6	5
1	3	6	8	5	2	4	9	7
9	7	5	3	6	4	8	1	2
7	4	9	2	8	5	1	3	6
6	1	8	4	7	3	2	5	9
3	5	2	6	1	9	7	8	4
5	8	1	9	2	7	6	4	3
4	9	7	1	3	6	5	2	8
2	6	3	5	4	8	9	7	1

40

4	7	8	1	6	3	2	9	5
2	9	1	5	8	7	3	4	6
3	6	5	4	2	9	8	7	1
8	1	3	9	4	2	5	6	7
5	4	6	7	3	8	1	2	9
9	2	7	6	1	5	4	3	8
1	8	2	3	9	6	7	5	4
7	3	9	8	5	4	6	1	2
6	5	4	2	7	1	9	8	3

41

4	8	2	3	7	6	1	9	5
1	7	3	5	9	4	6	2	8
6	5	9	8	2	1	3	7	4
3	4	6	2	1	5	7	8	9
5	9	8	4	3	7	2	6	1
2	1	7	6	8	9	4	5	3
9	6	4	1	5	2	8	3	7
7	3	1	9	6	8	5	4	2
8	2	5	7	4	3	9	1	6

42

4	9	2	7	1	8	5	6	3
1	7	8	5	3	6	9	4	2
6	5	3	9	4	2	1	8	7
5	3	6	8	9	1	7	2	4
9	4	1	6	2	7	3	5	8
8	2	7	3	5	4	6	1	9
7	1	5	2	8	9	4	3	6
3	8	9	4	6	5	2	7	1
2	6	4	1	7	3	8	9	5

43

7	4	5	9	8	2	3	1	6
8	3	9	6	5	1	4	7	2
6	2	1	7	3	4	9	5	8
1	6	3	4	9	7	2	8	5
4	9	7	5	2	8	6	3	1
5	8	2	1	6	3	7	4	9
9	5	4	3	1	6	8	2	7
3	1	8	2	7	9	5	6	4
2	7	6	8	4	5	1	9	3

44

8	2	7	6	5	3	1	9	4
4	9	1	7	2	8	3	6	5
3	6	5	1	4	9	2	8	7
7	5	8	4	3	1	9	2	6
1	4	9	2	6	5	8	7	3
6	3	2	9	8	7	5	4	1
9	1	3	8	7	6	4	5	2
2	8	6	5	1	4	7	3	9
5	7	4	3	9	2	6	1	8

45

4	3	7	6	5	1	2	8	9
8	6	5	2	4	9	1	3	7
2	1	9	3	7	8	4	6	5
3	4	8	7	9	2	6	5	1
5	2	1	4	6	3	7	9	8
9	7	6	8	1	5	3	4	2
1	5	3	9	2	4	8	7	6
7	8	2	5	3	6	9	1	4
6	9	4	1	8	7	5	2	3

46

6	9	2	7	4	1	5	3	8
4	3	7	6	5	8	1	2	9
8	1	5	9	2	3	7	6	4
3	6	4	8	7	5	2	9	1
5	8	1	2	6	9	4	7	3
2	7	9	1	3	4	8	5	6
9	4	3	5	1	7	6	8	2
1	5	6	3	8	2	9	4	7
7	2	8	4	9	6	3	1	5

47

7	5	4	6	1	2	3	9	8
9	1	2	7	3	8	5	6	4
6	8	3	5	4	9	1	7	2
3	9	8	4	6	5	2	1	7
1	4	5	9	2	7	6	8	3
2	6	7	3	8	1	4	5	9
4	2	9	8	5	6	7	3	1
8	3	6	1	7	4	9	2	5
5	7	1	2	9	3	8	4	6

48

2	7	5	6	3	4	8	9	1
3	6	4	8	1	9	5	2	7
1	8	9	5	7	2	6	3	4
8	3	7	1	9	6	2	4	5
4	9	6	7	2	5	3	1	8
5	2	1	3	4	8	9	7	6
9	5	2	4	8	7	1	6	3
6	4	3	9	5	1	7	8	2
7	1	8	2	6	3	4	5	9

49

8	4	6	2	7	9	5	1	3
1	3	2	8	5	4	9	6	7
7	9	5	3	1	6	2	8	4
2	5	1	9	4	7	6	3	8
3	6	9	5	8	1	7	4	2
4	8	7	6	3	2	1	9	5
5	7	4	1	6	3	8	2	9
6	2	3	7	9	8	4	5	1
9	1	8	4	2	5	3	7	6

50

9	2	3	5	7	1	6	8	4
8	1	6	4	2	3	5	9	7
4	7	5	8	6	9	2	3	1
6	4	8	9	5	7	3	1	2
3	5	7	1	4	2	8	6	9
1	9	2	3	8	6	4	7	5
7	6	9	2	3	5	1	4	8
2	8	1	6	9	4	7	5	3
5	3	4	7	1	8	9	2	6

51

2	9	6	4	1	5	8	3	7
3	1	5	9	7	8	4	2	6
8	7	4	6	3	2	9	1	5
1	3	9	2	4	6	5	7	8
5	4	7	8	9	3	1	6	2
6	8	2	1	5	7	3	4	9
4	6	3	5	2	9	7	8	1
7	5	8	3	6	1	2	9	4
9	2	1	7	8	4	6	5	3

52

4	5	9	8	3	2	7	1	6
2	1	3	9	6	7	8	5	4
6	7	8	4	5	1	9	2	3
8	2	7	1	4	6	3	9	5
3	9	1	7	2	5	4	6	8
5	4	6	3	9	8	2	7	1
7	6	4	5	8	9	1	3	2
9	8	2	6	1	3	5	4	7
1	3	5	2	7	4	6	8	9

Su Doku

53

1	2	9	5	6	8	7	3	4
4	3	8	7	9	1	5	2	6
7	6	5	2	4	3	9	8	1
2	5	1	9	7	6	8	4	3
3	4	7	8	5	2	6	1	9
9	8	6	1	3	4	2	7	5
8	7	4	6	1	9	3	5	2
5	9	3	4	2	7	1	6	8
6	1	2	3	8	5	4	9	7

54

8	5	2	3	9	6	7	1	4
7	6	4	8	2	1	3	9	5
1	9	3	4	7	5	2	8	6
3	4	7	5	1	8	6	2	9
2	1	5	6	3	9	4	7	8
6	8	9	7	4	2	1	5	3
5	2	6	1	8	4	9	3	7
9	7	8	2	6	3	5	4	1
4	3	1	9	5	7	8	6	2

55

2	7	**4**	6	5	1	**8**	3	9
1	**3**	6	**9**	8	**4**	7	**5**	2
5	**9**	8	**3**	7	**2**	1	**6**	4
8	4	2	**7**	9	**6**	5	1	3
6	1	**7**	5	2	3	**4**	9	**8**
3	5	9	**4**	1	**8**	2	7	6
7	**8**	3	**1**	4	**9**	6	**2**	5
4	**6**	5	**2**	3	**7**	9	**8**	1
9	2	**1**	8	6	5	**3**	4	7

56

3	**1**	**8**	7	6	**2**	**9**	5	4
4	**6**	**5**	9	**3**	1	7	8	2
7	2	9	5	8	4	3	1	6
2	3	6	8	**7**	5	**1**	**4**	9
1	**9**	7	2	**4**	6	5	**3**	**8**
8	**5**	**4**	1	**9**	3	6	2	7
5	7	3	6	2	8	4	9	1
9	4	2	3	**1**	7	**8**	**6**	5
6	8	**1**	**4**	5	9	**2**	**7**	3

57

3	2	6	**8**	4	5	1	9	**7**
7	**9**	1	3	2	**6**	8	**5**	**4**
8	**4**	**5**	9	**1**	7	2	6	3
6	8	**9**	7	3	4	**5**	**1**	2
1	5	**7**	6	9	2	**4**	3	8
4	**3**	**2**	5	8	1	**9**	7	6
9	6	3	4	**5**	8	**7**	**2**	1
5	**1**	4	**2**	7	3	6	**8**	9
2	7	8	1	6	**9**	3	4	5

58

5	9	**7**	**8**	1	**4**	**3**	6	2
1	2	6	**9**	**5**	**3**	4	7	8
8	3	**4**	2	**6**	7	**9**	1	5
4	8	**3**	6	9	2	**1**	5	**7**
9	5	1	3	7	8	2	4	**6**
6	7	**2**	1	4	5	**8**	3	**9**
3	4	**8**	5	**2**	6	**7**	9	1
2	6	9	**7**	**3**	**1**	5	8	4
7	1	**5**	**4**	8	**9**	**6**	2	3

59

8	6	5	4	1	7	3	2	9
7	9	1	8	2	3	6	4	5
4	2	3	6	5	9	1	7	8
3	4	9	5	8	1	7	6	2
5	7	6	3	4	2	9	8	1
1	8	2	9	7	6	5	3	4
9	5	8	7	3	4	2	1	6
6	1	7	2	9	8	4	5	3
2	3	4	1	6	5	8	9	7

60

2	8	4	7	5	3	1	9	6
9	3	5	1	6	4	2	7	8
1	6	7	9	2	8	5	4	3
3	4	1	6	8	2	9	5	7
6	2	9	4	7	5	3	8	1
7	5	8	3	9	1	4	6	2
8	1	3	5	4	6	7	2	9
4	9	6	2	1	7	8	3	5
5	7	2	8	3	9	6	1	4

61

8	5	**1**	**9**	**3**	6	4	**2**	7
4	7	2	**8**	1	5	3	6	9
3	6	9	7	**2**	**4**	1	8	5
7	8	**5**	1	4	3	2	**9**	6
1	**9**	4	6	**7**	2	8	**5**	**3**
6	**2**	3	5	9	8	**7**	1	4
2	4	6	**3**	**8**	9	5	7	**1**
5	3	7	2	6	**1**	9	4	**8**
9	**1**	8	4	**5**	**7**	**6**	3	2

62

1	7	8	9	**6**	3	4	2	**5**
5	3	6	**8**	4	**2**	7	9	**1**
4	2	9	**7**	**5**	**1**	6	3	8
3	**5**	2	6	1	7	9	**8**	**4**
9	6	**4**	5	3	8	**1**	7	2
7	**8**	1	2	9	4	3	**5**	**6**
8	4	3	**1**	**7**	**5**	2	6	9
6	1	5	**3**	2	**9**	8	4	**7**
2	9	7	4	**8**	6	5	1	**3**

63

2	6	**9**	**1**	8	**3**	5	**7**	4
7	**4**	8	9	2	5	3	1	**6**
1	5	**3**	**7**	4	6	9	8	2
4	**8**	2	6	3	9	7	5	1
6	**3**	**7**	**2**	5	**1**	**4**	**9**	8
9	1	5	4	7	8	6	**2**	3
8	2	6	5	9	**4**	**1**	3	7
5	7	4	3	1	2	8	**6**	9
3	**9**	1	**8**	6	**7**	**2**	4	5

64

9	6	3	**4**	**2**	7	8	**5**	1
1	**2**	7	**3**	5	8	4	6	**9**
4	8	5	1	**9**	6	3	2	7
5	**4**	2	**7**	1	9	**6**	8	3
3	9	**8**	2	6	5	**1**	7	**4**
7	1	**6**	8	4	**3**	5	**9**	**2**
6	7	9	**5**	**3**	1	2	4	8
8	3	4	6	7	**2**	9	**1**	5
2	**5**	1	9	**8**	**4**	7	3	6

65

5	2	9	6	1	4	8	7	3
4	3	7	5	2	8	6	1	9
1	6	8	3	7	9	5	4	2
8	1	3	2	5	7	4	9	6
7	5	2	9	4	6	3	8	1
9	4	6	8	3	1	2	5	7
3	9	5	7	8	2	1	6	4
6	8	1	4	9	3	7	2	5
2	7	4	1	6	5	9	3	8

66

8	5	6	7	1	9	3	2	4
1	3	9	6	4	2	7	5	8
7	2	4	5	3	8	6	1	9
4	1	5	2	9	7	8	6	3
3	6	2	4	8	1	9	7	5
9	7	8	3	6	5	1	4	2
6	9	3	1	5	4	2	8	7
2	4	1	8	7	3	5	9	6
5	8	7	9	2	6	4	3	1

67

1	3	**7**	**6**	**9**	**5**	**2**	8	4
4	2	9	3	**1**	8	6	7	**5**
8	**6**	5	2	7	4	1	**3**	9
7	9	**8**	4	6	3	**5**	2	1
2	4	**3**	**7**	**5**	**1**	**9**	6	8
5	1	**6**	8	2	9	**3**	4	7
6	**5**	4	1	3	7	8	**9**	2
9	7	2	5	**8**	6	4	1	**3**
3	8	**1**	**9**	**4**	**2**	**7**	5	6

68

6	**5**	4	8	2	9	1	**7**	**3**
7	8	2	4	1	3	9	6	5
9	3	**1**	**6**	**5**	**7**	**4**	8	2
1	9	8	2	**3**	6	5	4	**7**
3	6	7	**1**	4	**5**	2	9	**8**
2	4	5	7	**9**	8	3	1	**6**
5	7	**9**	**3**	**6**	**4**	**8**	2	1
4	2	6	5	8	1	7	3	9
8	**1**	3	9	7	2	6	**5**	**4**

69

1	5	3	7	6	8	2	4	9
6	4	9	5	1	2	8	7	3
8	7	2	3	9	4	5	1	6
3	1	6	9	7	5	4	2	8
9	8	7	2	4	1	6	3	5
5	2	4	8	3	6	1	9	7
4	3	8	1	5	9	7	6	2
7	6	5	4	2	3	9	8	1
2	9	1	6	8	7	3	5	4

70

3	6	9	8	4	2	7	1	5
1	8	5	7	3	6	2	4	9
4	7	2	1	5	9	6	8	3
2	3	8	9	1	5	4	7	6
5	4	7	2	6	8	3	9	1
9	1	6	3	7	4	8	5	2
8	2	4	6	9	1	5	3	7
6	9	3	5	8	7	1	2	4
7	5	1	4	2	3	9	6	8

71

9	1	6	5	2	3	8	4	7
4	7	5	9	8	1	3	6	2
2	8	3	6	4	7	5	1	9
6	5	4	7	3	8	2	9	1
1	3	2	4	6	9	7	5	8
7	9	8	2	1	5	6	3	4
8	4	1	3	5	2	9	7	6
5	6	9	8	7	4	1	2	3
3	2	7	1	9	6	4	8	5

72

4	6	2	1	9	5	8	3	7
7	5	8	3	4	6	1	9	2
3	1	9	2	7	8	6	4	5
6	9	1	8	3	2	7	5	4
8	3	4	7	5	9	2	1	6
5	2	7	6	1	4	3	8	9
1	8	5	4	2	7	9	6	3
2	4	3	9	6	1	5	7	8
9	7	6	5	8	3	4	2	1

Su Doku

73

8	1	4	9	3	2	5	7	6
9	7	5	6	4	8	1	2	3
6	2	3	7	1	5	9	8	4
3	4	6	2	5	7	8	9	1
2	8	1	4	6	9	3	5	7
5	9	7	3	8	1	4	6	2
7	6	8	1	9	4	2	3	5
4	5	2	8	7	3	6	1	9
1	3	9	5	2	6	7	4	8

74

4	7	5	2	3	6	1	9	8
3	2	9	5	1	8	6	4	7
6	1	8	4	9	7	2	5	3
7	4	2	9	5	1	8	3	6
9	8	6	7	2	3	5	1	4
1	5	3	8	6	4	9	7	2
5	9	4	3	8	2	7	6	1
2	6	7	1	4	5	3	8	9
8	3	1	6	7	9	4	2	5

75

5	7	9	2	6	4	3	1	8
8	6	2	1	3	9	7	4	5
1	3	4	5	8	7	6	9	2
3	8	5	7	1	2	4	6	9
9	1	6	4	5	8	2	7	3
2	4	7	3	9	6	8	5	1
4	2	1	9	7	3	5	8	6
7	5	8	6	2	1	9	3	4
6	9	3	8	4	5	1	2	7

76

4	9	5	7	1	2	3	6	8
7	1	6	8	3	9	5	2	4
8	3	2	4	6	5	9	7	1
1	8	4	5	2	7	6	9	3
6	5	3	9	4	1	2	8	7
2	7	9	3	8	6	4	1	5
5	2	1	6	7	4	8	3	9
9	6	8	1	5	3	7	4	2
3	4	7	2	9	8	1	5	6

77

6	7	5	1	3	4	8	9	2
9	3	1	2	8	6	5	7	4
4	2	8	5	7	9	3	6	1
2	8	6	3	1	7	4	5	9
1	5	7	9	4	8	6	2	3
3	9	4	6	2	5	1	8	7
7	1	2	8	5	3	9	4	6
5	4	9	7	6	1	2	3	8
8	6	3	4	9	2	7	1	5

78

4	5	7	6	3	1	8	9	2
3	8	9	2	7	5	6	1	4
6	2	1	4	8	9	7	5	3
1	4	3	5	9	8	2	6	7
7	9	2	3	6	4	5	8	1
8	6	5	1	2	7	3	4	9
5	3	4	7	1	6	9	2	8
9	7	6	8	4	2	1	3	5
2	1	8	9	5	3	4	7	6

79

1	6	5	2	9	4	7	8	3
9	8	4	7	1	3	2	5	6
7	2	3	8	5	6	1	4	9
2	7	9	4	3	1	5	6	8
5	4	1	6	2	8	9	3	7
6	3	8	9	7	5	4	1	2
3	9	6	1	4	7	8	2	5
8	1	7	5	6	2	3	9	4
4	5	2	3	8	9	6	7	1

80

3	9	4	7	5	2	8	1	6
8	6	1	9	4	3	2	7	5
7	2	5	6	8	1	4	9	3
5	8	9	4	7	6	3	2	1
1	3	7	8	2	9	5	6	4
2	4	6	3	1	5	7	8	9
6	1	2	5	3	8	9	4	7
9	7	3	2	6	4	1	5	8
4	5	8	1	9	7	6	3	2

81

2	6	**8**	3	5	1	**4**	7	9
7	9	5	**6**	8	**4**	2	1	3
1	**3**	4	2	7	9	6	**5**	8
8	**5**	**1**	**7**	3	**6**	**9**	**2**	4
3	**2**	9	**1**	4	**5**	7	**8**	6
6	**4**	**7**	**9**	2	**8**	**1**	**3**	5
5	**7**	2	4	6	3	8	**9**	1
4	1	3	**8**	9	**7**	5	6	2
9	8	**6**	5	1	2	**3**	4	7

82

1	9	**2**	8	**4**	6	**5**	7	**3**
6	8	7	**3**	5	**1**	2	4	9
4	**3**	5	2	**7**	9	8	**6**	1
8	2	9	7	3	5	6	1	**4**
7	**1**	4	6	9	2	3	**5**	**8**
5	6	3	1	8	4	7	9	**2**
9	**7**	8	4	**6**	3	1	**2**	5
3	**5**	1	**9**	2	**7**	4	8	6
2	4	**6**	5	**1**	8	**9**	3	**7**

83

9	2	1	6	3	8	5	4	7
4	7	8	9	5	2	3	6	1
5	6	3	4	1	7	9	2	8
6	3	7	8	4	5	2	1	9
2	5	9	7	6	1	4	8	3
8	1	4	3	2	9	7	5	6
1	9	2	5	8	3	6	7	4
3	4	5	1	7	6	8	9	2
7	8	6	2	9	4	1	3	5

84

9	6	7	5	2	4	1	3	8
4	5	2	1	8	3	6	9	7
3	8	1	6	9	7	2	5	4
5	4	6	2	7	8	9	1	3
1	3	9	4	6	5	8	7	2
7	2	8	9	3	1	4	6	5
6	9	4	7	5	2	3	8	1
8	1	5	3	4	9	7	2	6
2	7	3	8	1	6	5	4	9

85

7	9	5	6	3	8	4	2	1
4	2	3	5	7	1	6	9	8
1	8	6	2	4	9	3	5	7
9	4	1	7	5	6	8	3	2
3	7	8	1	9	2	5	6	4
6	5	2	4	8	3	1	7	9
5	1	7	3	2	4	9	8	6
2	6	9	8	1	5	7	4	3
8	3	4	9	6	7	2	1	5

86

7	9	8	3	2	5	4	6	1
4	5	3	8	1	6	9	2	7
2	1	6	7	9	4	8	5	3
8	4	7	2	3	9	5	1	6
1	2	9	6	5	7	3	8	4
3	6	5	4	8	1	2	7	9
9	7	2	1	4	8	6	3	5
5	3	1	9	6	2	7	4	8
6	8	4	5	7	3	1	9	2

87

8	4	**9**	**6**	1	7	**5**	3	2
6	2	7	4	**3**	**5**	1	8	9
5	1	**3**	8	**2**	9	**4**	7	**6**
3	**7**	1	5	4	6	2	9	**8**
9	**8**	**6**	1	7	2	**3**	**4**	5
2	5	4	9	8	3	6	**1**	7
1	6	**5**	7	**9**	4	**8**	2	**3**
7	3	8	**2**	**6**	1	9	5	4
4	9	**2**	3	5	**8**	**7**	6	1

88

1	8	5	2	**4**	7	6	9	**3**
3	**9**	6	5	8	**1**	**4**	**7**	2
4	7	**2**	**6**	9	**3**	8	**5**	1
8	3	**1**	9	5	6	**7**	**2**	4
5	6	7	4	3	2	9	1	**8**
2	**4**	**9**	7	1	8	**3**	6	5
7	**1**	8	**3**	6	**5**	**2**	4	9
6	**5**	**4**	**8**	2	9	1	**3**	7
9	2	3	1	**7**	4	5	8	6

Su Doku

89

8	9	4	6	2	1	7	5	3
7	6	1	8	3	5	2	9	4
5	3	2	9	7	4	8	1	6
1	2	6	3	9	7	4	8	5
4	7	8	2	5	6	9	3	1
3	5	9	4	1	8	6	2	7
9	8	7	5	4	3	1	6	2
2	1	5	7	6	9	3	4	8
6	4	3	1	8	2	5	7	9

90

5	3	4	9	1	6	2	7	8
6	9	8	4	7	2	1	3	5
7	2	1	8	3	5	6	4	9
3	4	5	6	2	1	8	9	7
8	6	2	3	9	7	5	1	4
1	7	9	5	4	8	3	6	2
9	5	7	1	8	3	4	2	6
4	1	6	2	5	9	7	8	3
2	8	3	7	6	4	9	5	1

91

6	**3**	9	**7**	4	8	**2**	5	**1**
8	2	7	6	1	5	4	**9**	3
1	4	**5**	3	9	**2**	**8**	6	**7**
4	9	1	8	6	**3**	**5**	7	2
7	6	3	5	**2**	1	9	4	8
2	5	**8**	**4**	7	9	3	1	**6**
5	8	**4**	**1**	3	7	**6**	2	9
3	**7**	2	9	5	6	1	8	**4**
9	1	**6**	2	8	**4**	7	**3**	5

92

7	3	2	6	**9**	**5**	1	8	4
8	1	9	**2**	7	4	**5**	3	6
6	**4**	5	**8**	1	**3**	2	9	**7**
9	**7**	1	3	2	8	**4**	6	5
5	2	8	4	**6**	7	9	1	**3**
4	6	**3**	9	5	1	7	**2**	**8**
1	8	6	**5**	4	**2**	3	**7**	9
3	5	**7**	1	8	**9**	6	4	2
2	9	4	**7**	**3**	6	8	5	**1**

93

5	3	**7**	**8**	4	2	1	**9**	6
9	8	6	1	7	5	4	**3**	**2**
1	2	4	6	9	**3**	**8**	5	7
6	5	8	**4**	2	**9**	**7**	1	3
3	4	1	7	**5**	6	9	2	8
2	7	**9**	**3**	8	**1**	6	4	**5**
4	6	**3**	**2**	1	7	5	8	**9**
8	**9**	2	5	6	4	3	7	1
7	**1**	5	9	3	**8**	**2**	6	4

94

7	8	**1**	9	3	2	**5**	6	4
4	9	3	1	**6**	5	7	2	8
2	6	5	**7**	**8**	**4**	1	3	**9**
5	**1**	2	6	7	9	4	**8**	3
3	7	**8**	2	4	1	**9**	5	**6**
6	**4**	9	3	5	8	2	**7**	1
1	3	6	**5**	**9**	**7**	8	4	**2**
8	2	7	4	**1**	3	6	9	5
9	5	**4**	8	2	6	**3**	1	7

95

6	5	1	7	9	8	3	4	2
4	7	3	6	2	1	8	9	5
8	2	9	3	5	4	6	7	1
5	8	7	1	3	9	2	6	4
3	6	2	8	4	5	9	1	7
1	9	4	2	7	6	5	8	3
2	1	8	4	6	3	7	5	9
7	4	5	9	8	2	1	3	6
9	3	6	5	1	7	4	2	8

96

1	7	5	2	4	8	3	6	9
9	8	2	3	7	6	4	5	1
6	4	3	9	1	5	7	2	8
2	1	7	5	8	3	9	4	6
8	3	9	6	2	4	1	7	5
4	5	6	7	9	1	8	3	2
5	6	8	4	3	9	2	1	7
7	9	4	1	6	2	5	8	3
3	2	1	8	5	7	6	9	4

97

3	4	**7**	**6**	**8**	1	2	**5**	9
8	5	6	4	9	**2**	1	3	7
9	2	1	**7**	3	5	8	4	**6**
1	**9**	2	**3**	6	**7**	**4**	8	**5**
5	8	3	2	4	9	7	6	**1**
6	7	**4**	**1**	5	**8**	3	**9**	2
2	3	9	8	1	**6**	5	7	4
7	6	8	**5**	2	4	9	1	**3**
4	**1**	5	9	**7**	**3**	**6**	2	8

98

6	1	8	7	**4**	9	**2**	**5**	**3**
3	4	5	6	1	**2**	**7**	8	9
9	2	7	**8**	5	3	1	6	**4**
7	8	**9**	5	2	1	4	**3**	6
1	**3**	2	**9**	**6**	**4**	5	**7**	8
5	**6**	4	3	8	7	**9**	2	1
4	9	6	2	3	**5**	8	1	**7**
2	7	**3**	**1**	9	8	6	4	5
8	**5**	**1**	4	**7**	6	3	9	2

99

5	7	**1**	2	**9**	6	8	3	4
4	**2**	**8**	3	7	1	9	5	6
9	6	3	4	5	8	**1**	**2**	**7**
3	1	**4**	8	6	**9**	5	**7**	2
6	9	**5**	**7**	**4**	**2**	**3**	1	**8**
7	**8**	2	**5**	1	3	**6**	4	9
1	**3**	**6**	9	2	4	7	8	5
2	5	9	1	8	7	**4**	**6**	3
8	4	7	6	**3**	5	**2**	9	1

100

5	7	2	1	**3**	6	**4**	8	9
8	**4**	6	**7**	9	5	2	**3**	**1**
9	3	**1**	2	8	**4**	6	7	5
2	**5**	4	8	1	3	9	**6**	**7**
6	8	9	4	7	2	1	5	3
7	**1**	3	5	6	9	8	**2**	4
1	6	7	**3**	4	8	**5**	9	**2**
3	**9**	5	6	2	**1**	7	**4**	8
4	2	**8**	**9**	**5**	7	3	1	6

Su Doku

101

5	6	4	3	9	7	2	8	1
7	9	8	2	5	1	4	3	6
3	1	2	4	6	8	5	9	7
1	2	3	6	8	4	9	7	5
4	5	7	1	2	9	8	6	3
9	8	6	5	7	3	1	4	2
6	7	1	8	4	2	3	5	9
2	4	9	7	3	5	6	1	8
8	3	5	9	1	6	7	2	4

102

8	5	6	2	1	7	9	4	3
1	9	2	6	4	3	7	5	8
7	3	4	5	9	8	1	2	6
6	7	5	1	3	2	4	8	9
4	8	9	7	5	6	2	3	1
3	2	1	4	8	9	6	7	5
5	1	7	8	6	4	3	9	2
2	6	3	9	7	5	8	1	4
9	4	8	3	2	1	5	6	7

Solutions

103

6	8	3	5	1	9	2	4	7
5	1	9	7	4	2	3	8	6
4	7	2	6	8	3	5	1	9
9	6	1	8	2	7	4	5	3
3	4	7	1	6	5	8	9	2
2	5	8	3	9	4	7	6	1
8	9	5	2	7	1	6	3	4
7	3	4	9	5	6	1	2	8
1	2	6	4	3	8	9	7	5

104

3	2	9	8	6	7	4	5	1
7	8	1	9	4	5	6	2	3
5	6	4	1	3	2	8	9	7
1	7	2	5	8	9	3	4	6
8	9	3	6	7	4	2	1	5
4	5	6	2	1	3	7	8	9
9	1	8	3	2	6	5	7	4
2	3	7	4	5	1	9	6	8
6	4	5	7	9	8	1	3	2

Su Doku

105

8	9	7	4	6	1	3	2	5
1	6	2	8	3	5	4	7	9
4	3	5	2	9	7	6	1	8
6	4	1	5	2	9	8	3	7
7	8	9	3	1	4	2	5	6
5	2	3	6	7	8	1	9	4
3	5	6	9	8	2	7	4	1
2	7	4	1	5	6	9	8	3
9	1	8	7	4	3	5	6	2

106

7	1	9	8	6	2	5	4	3
2	8	3	4	5	1	9	6	7
4	5	6	3	9	7	2	1	8
5	3	8	9	1	4	6	7	2
9	4	7	2	8	6	3	5	1
6	2	1	5	7	3	4	8	9
8	6	2	1	3	5	7	9	4
1	7	4	6	2	9	8	3	5
3	9	5	7	4	8	1	2	6

107

1	8	5	2	6	9	4	3	7
9	7	2	1	4	3	6	5	8
6	3	4	5	7	8	1	9	2
5	4	6	9	1	7	2	8	3
8	2	9	6	3	4	7	1	5
7	1	3	8	5	2	9	6	4
2	6	8	7	9	5	3	4	1
4	5	1	3	2	6	8	7	9
3	9	7	4	8	1	5	2	6

108

3	8	1	5	7	9	6	4	2
9	6	2	1	4	8	7	5	3
5	7	4	3	6	2	1	9	8
8	3	9	7	5	1	4	2	6
1	5	6	2	8	4	9	3	7
4	2	7	9	3	6	5	8	1
6	4	5	8	1	3	2	7	9
2	1	3	4	9	7	8	6	5
7	9	8	6	2	5	3	1	4

109

2	1	7	9	6	4	8	3	5
4	5	9	3	7	8	1	6	2
6	8	3	1	2	5	9	4	7
5	7	6	2	9	1	4	8	3
8	3	4	6	5	7	2	1	9
9	2	1	4	8	3	7	5	6
3	6	8	7	4	2	5	9	1
7	9	5	8	1	6	3	2	4
1	4	2	5	3	9	6	7	8

110

1	8	6	7	5	3	9	4	2
7	9	3	1	2	4	5	8	6
4	2	5	9	6	8	1	7	3
9	1	7	8	3	5	6	2	4
3	5	4	2	1	6	7	9	8
8	6	2	4	9	7	3	1	5
6	7	8	5	4	1	2	3	9
5	4	9	3	7	2	8	6	1
2	3	1	6	8	9	4	5	7

111

3	2	5	4	9	6	8	1	7
9	6	4	1	7	8	5	2	3
7	1	8	3	2	5	6	4	9
1	4	3	8	6	7	9	5	2
2	7	6	9	5	1	4	3	8
5	8	9	2	4	3	7	6	1
6	5	2	7	3	9	1	8	4
8	3	7	5	1	4	2	9	6
4	9	1	6	8	2	3	7	5

112

3	5	9	2	8	7	4	1	6
4	7	8	9	6	1	5	2	3
2	1	6	4	5	3	8	9	7
7	9	1	5	3	6	2	8	4
5	8	2	7	9	4	6	3	1
6	3	4	8	1	2	9	7	5
9	2	3	1	4	5	7	6	8
8	6	5	3	7	9	1	4	2
1	4	7	6	2	8	3	5	9

113

5	3	1	8	7	4	2	9	6
7	9	6	3	2	5	1	8	4
2	8	4	1	6	9	5	3	7
4	1	2	5	8	7	9	6	3
3	5	7	2	9	6	8	4	1
8	6	9	4	3	1	7	5	2
1	2	5	9	4	3	6	7	8
9	7	3	6	1	8	4	2	5
6	4	8	7	5	2	3	1	9

114

1	3	9	8	2	5	4	7	6
4	6	2	3	1	7	5	8	9
5	7	8	6	4	9	2	3	1
9	8	3	2	5	6	7	1	4
6	1	7	9	8	4	3	2	5
2	5	4	7	3	1	6	9	8
8	2	6	4	9	3	1	5	7
7	9	1	5	6	2	8	4	3
3	4	5	1	7	8	9	6	2

115

8	2	9	4	7	3	6	5	1
6	3	1	8	2	5	4	7	9
5	4	7	6	1	9	2	3	8
4	6	5	7	8	2	1	9	3
3	9	8	5	6	1	7	2	4
7	1	2	3	9	4	8	6	5
1	8	3	2	5	7	9	4	6
9	7	4	1	3	6	5	8	2
2	5	6	9	4	8	3	1	7

116

2	5	8	3	6	9	7	1	4
1	7	6	2	5	4	9	3	8
4	9	3	1	8	7	5	6	2
9	4	1	8	2	3	6	7	5
6	2	5	7	4	1	8	9	3
3	8	7	5	9	6	4	2	1
5	6	4	9	1	2	3	8	7
8	3	2	6	7	5	1	4	9
7	1	9	4	3	8	2	5	6

117

3	9	4	8	2	1	5	6	7
6	7	2	3	9	5	4	1	8
8	1	5	4	7	6	2	3	9
5	2	7	6	8	4	3	9	1
9	4	8	1	3	7	6	5	2
1	6	3	9	5	2	7	8	4
7	3	9	2	6	8	1	4	5
2	8	1	5	4	3	9	7	6
4	5	6	7	1	9	8	2	3

118

5	6	9	7	2	1	3	8	4
7	4	2	9	3	8	1	6	5
3	1	8	4	6	5	9	2	7
1	8	4	6	7	3	5	9	2
2	5	3	1	8	9	7	4	6
9	7	6	5	4	2	8	1	3
8	3	7	2	9	4	6	5	1
4	9	1	3	5	6	2	7	8
6	2	5	8	1	7	4	3	9

119

5	3	4	2	1	6	7	9	8
7	8	1	4	3	9	6	2	5
6	9	2	7	5	8	3	1	4
8	1	3	6	7	5	9	4	2
4	5	7	9	2	1	8	6	3
9	2	6	8	4	3	1	5	7
2	6	8	5	9	7	4	3	1
3	7	5	1	6	4	2	8	9
1	4	9	3	8	2	5	7	6

120

5	3	2	4	6	8	1	7	9
9	6	8	7	3	1	5	4	2
4	1	7	2	9	5	3	8	6
6	5	4	3	8	2	7	9	1
8	9	1	6	7	4	2	3	5
2	7	3	1	5	9	8	6	4
7	8	5	9	2	6	4	1	3
1	2	6	8	4	3	9	5	7
3	4	9	5	1	7	6	2	8

121

4	9	**7**	**1**	**5**	3	8	6	2
8	5	1	7	**6**	**2**	**3**	9	4
6	**3**	2	**8**	9	4	5	1	**7**
7	**4**	5	2	8	9	**1**	3	**6**
9	**6**	3	4	**1**	7	2	**5**	**8**
2	1	**8**	5	3	6	7	**4**	9
3	7	4	9	2	**1**	6	**8**	5
5	2	**6**	**3**	**4**	8	9	7	1
1	8	9	6	**7**	**5**	**4**	2	3

122

1	**7**	2	9	**5**	**6**	3	4	8
6	4	**5**	8	3	7	9	**2**	1
8	3	**9**	4	**2**	1	5	7	6
2	9	6	**1**	**8**	3	4	**5**	7
4	5	**8**	**2**	**7**	**9**	**1**	6	3
7	**1**	3	6	**4**	**5**	8	9	**2**
9	8	7	5	**1**	2	**6**	3	4
5	**2**	4	3	6	8	**7**	1	**9**
3	6	1	**7**	**9**	4	2	**8**	5

123

2	3	5	4	1	7	6	9	8
8	7	9	3	2	6	1	4	5
1	6	4	5	8	9	2	7	3
4	1	7	9	5	3	8	2	6
6	9	3	8	4	2	5	1	7
5	8	2	7	6	1	9	3	4
7	2	6	1	3	8	4	5	9
3	5	1	6	9	4	7	8	2
9	4	8	2	7	5	3	6	1

124

6	1	7	5	2	8	9	4	3
9	3	5	1	4	7	2	8	6
8	2	4	9	6	3	5	1	7
3	6	2	4	1	9	7	5	8
5	7	8	2	3	6	4	9	1
4	9	1	8	7	5	6	3	2
1	4	3	6	5	2	8	7	9
2	5	9	7	8	1	3	6	4
7	8	6	3	9	4	1	2	5

125

2	9	3	8	1	7	5	4	6
1	8	4	6	2	5	7	9	3
7	6	5	4	3	9	2	1	8
9	5	8	7	6	3	4	2	1
6	4	2	5	9	1	8	3	7
3	1	7	2	8	4	9	6	5
4	2	6	1	5	8	3	7	9
5	7	9	3	4	6	1	8	2
8	3	1	9	7	2	6	5	4

126

5	9	1	4	2	3	7	6	8
8	6	3	1	7	5	9	2	4
4	2	7	6	9	8	3	5	1
7	3	5	9	6	1	4	8	2
9	4	2	5	8	7	6	1	3
1	8	6	2	3	4	5	7	9
2	1	9	7	4	6	8	3	5
6	5	8	3	1	9	2	4	7
3	7	4	8	5	2	1	9	6

127

6	5	3	9	8	1	4	7	2
4	7	1	6	2	3	8	9	5
8	9	2	7	4	5	3	6	1
2	3	6	4	9	8	5	1	7
1	8	7	5	3	6	2	4	9
5	4	9	1	7	2	6	3	8
3	1	4	8	5	7	9	2	6
9	6	8	2	1	4	7	5	3
7	2	5	3	6	9	1	8	4

128

4	8	7	5	3	9	2	6	1
3	5	6	2	7	1	9	4	8
2	1	9	6	8	4	5	7	3
7	6	3	8	4	2	1	5	9
9	2	8	1	6	5	4	3	7
5	4	1	3	9	7	6	8	2
8	9	5	7	1	6	3	2	4
1	7	2	4	5	3	8	9	6
6	3	4	9	2	8	7	1	5

Su Doku

129

9	6	5	2	3	7	4	8	1
2	7	1	8	5	4	9	3	6
8	3	4	1	6	9	7	2	5
5	4	3	7	9	2	6	1	8
6	1	9	5	8	3	2	7	4
7	8	2	4	1	6	5	9	3
1	5	7	9	4	8	3	6	2
4	9	6	3	2	1	8	5	7
3	2	8	6	7	5	1	4	9

130

1	2	5	3	6	4	7	8	9
9	8	6	5	1	7	3	4	2
3	7	4	9	2	8	6	1	5
8	4	1	6	5	9	2	3	7
2	9	7	8	3	1	5	6	4
5	6	3	4	7	2	8	9	1
4	3	9	7	8	5	1	2	6
6	5	2	1	9	3	4	7	8
7	1	8	2	4	6	9	5	3

131

1	2	6	5	3	8	7	4	9
3	5	8	9	7	4	6	1	2
7	9	4	2	6	1	8	3	5
9	8	7	4	2	5	1	6	3
4	6	2	1	8	3	5	9	7
5	3	1	6	9	7	4	2	8
8	4	3	7	1	2	9	5	6
2	1	9	8	5	6	3	7	4
6	7	5	3	4	9	2	8	1

132

7	2	8	1	5	9	4	6	3
1	5	9	6	3	4	8	2	7
6	3	4	2	8	7	9	5	1
2	4	5	7	1	6	3	8	9
9	8	6	4	2	3	1	7	5
3	1	7	8	9	5	2	4	6
4	6	1	3	7	8	5	9	2
5	7	3	9	4	2	6	1	8
8	9	2	5	6	1	7	3	4

133

8	9	1	5	4	2	7	3	6
4	3	6	7	8	9	5	2	1
7	5	2	3	1	6	4	8	9
6	1	8	9	2	7	3	4	5
3	2	7	4	5	1	6	9	8
9	4	5	8	6	3	1	7	2
1	6	4	2	3	8	9	5	7
5	8	9	1	7	4	2	6	3
2	7	3	6	9	5	8	1	4

134

7	3	1	9	8	4	2	5	6
8	2	4	7	5	6	3	9	1
9	5	6	3	1	2	7	8	4
1	6	9	8	3	7	4	2	5
5	8	3	4	2	1	6	7	9
4	7	2	6	9	5	8	1	3
6	1	5	2	7	3	9	4	8
3	9	7	1	4	8	5	6	2
2	4	8	5	6	9	1	3	7

135

3	8	1	5	6	9	7	4	2
9	2	7	8	1	4	5	6	3
5	4	6	7	2	3	9	1	8
2	9	4	3	8	5	1	7	6
7	3	5	1	4	6	8	2	9
1	6	8	9	7	2	4	3	5
4	1	9	2	3	8	6	5	7
8	7	2	6	5	1	3	9	4
6	5	3	4	9	7	2	8	1

136

6	1	9	7	4	8	5	2	3
3	4	5	1	2	6	9	8	7
2	8	7	5	9	3	1	6	4
4	5	6	3	8	2	7	9	1
8	9	2	4	7	1	3	5	6
1	7	3	9	6	5	8	4	2
7	2	4	8	3	9	6	1	5
5	3	8	6	1	4	2	7	9
9	6	1	2	5	7	4	3	8

137

1	2	6	4	5	**3**	**9**	8	7
7	**4**	**3**	8	**1**	9	6	5	**2**
9	8	5	6	2	**7**	**3**	1	**4**
3	6	7	5	**9**	1	**4**	2	**8**
2	**1**	8	3	7	4	5	**9**	**6**
5	9	**4**	2	**8**	6	7	3	1
8	7	**2**	**9**	4	5	1	6	3
4	3	9	1	**6**	2	**8**	**7**	5
6	5	**1**	**7**	3	8	2	4	9

138

9	**6**	**3**	7	1	5	**4**	**2**	8
4	2	**8**	3	6	9	**5**	7	1
7	1	5	4	**8**	2	6	9	**3**
8	9	**4**	**1**	3	**7**	**2**	6	5
2	3	1	**5**	**4**	**6**	7	8	9
5	**7**	**6**	**2**	9	**8**	**3**	1	4
6	4	7	9	**5**	1	8	3	**2**
3	8	**9**	6	2	4	**1**	5	7
1	**5**	**2**	8	7	3	**9**	**4**	6

139

9	4	3	7	8	2	5	1	6
1	8	6	5	9	3	4	7	2
2	7	5	6	4	1	8	3	9
7	1	2	4	3	6	9	8	5
6	3	9	1	5	8	2	4	7
4	5	8	2	7	9	1	6	3
5	2	7	8	6	4	3	9	1
3	6	4	9	1	5	7	2	8
8	9	1	3	2	7	6	5	4

140

8	9	4	1	6	2	3	7	5
3	7	5	4	9	8	2	1	6
1	2	6	7	5	3	9	8	4
4	3	9	6	7	5	8	2	1
7	1	8	2	4	9	5	6	3
5	6	2	8	3	1	7	4	9
2	8	3	5	1	4	6	9	7
9	4	7	3	2	6	1	5	8
6	5	1	9	8	7	4	3	2

141

1	9	3	5	8	7	2	6	4
8	6	5	4	3	2	1	7	9
7	4	2	1	6	9	8	3	5
9	3	1	6	4	5	7	8	2
2	5	6	7	1	8	9	4	3
4	7	8	2	9	3	6	5	1
5	8	7	9	2	4	3	1	6
3	1	9	8	5	6	4	2	7
6	2	4	3	7	1	5	9	8

142

8	4	2	1	6	5	3	7	9
9	3	7	8	2	4	1	5	6
1	5	6	9	7	3	4	8	2
7	2	4	3	8	9	5	6	1
6	1	9	7	5	2	8	3	4
5	8	3	4	1	6	2	9	7
2	9	5	6	3	1	7	4	8
4	7	1	5	9	8	6	2	3
3	6	8	2	4	7	9	1	5

143

9	5	1	2	4	8	7	6	3
2	4	7	1	3	6	8	9	5
3	8	6	7	9	5	4	2	1
8	3	5	4	7	9	2	1	6
1	7	2	6	5	3	9	4	8
6	9	4	8	2	1	3	5	7
5	2	3	9	6	7	1	8	4
4	6	8	3	1	2	5	7	9
7	1	9	5	8	4	6	3	2

144

4	9	5	7	6	1	3	8	2
3	2	1	8	9	4	5	6	7
6	8	7	5	3	2	4	1	9
1	5	2	9	7	3	6	4	8
9	6	4	1	5	8	2	7	3
7	3	8	4	2	6	1	9	5
5	4	6	2	8	7	9	3	1
2	7	3	6	1	9	8	5	4
8	1	9	3	4	5	7	2	6

145

6	1	2	8	9	7	4	3	5
3	7	5	2	6	4	9	8	1
8	9	4	5	3	1	6	7	2
1	4	7	6	5	2	8	9	3
9	6	8	1	4	3	2	5	7
2	5	3	9	7	8	1	6	4
4	8	9	7	1	5	3	2	6
7	3	6	4	2	9	5	1	8
5	2	1	3	8	6	7	4	9

146

1	9	7	6	4	8	3	2	5
6	8	2	7	5	3	4	9	1
4	5	3	9	1	2	7	8	6
3	6	4	8	7	5	9	1	2
8	2	9	3	6	1	5	4	7
7	1	5	2	9	4	6	3	8
2	7	8	5	3	9	1	6	4
9	4	6	1	2	7	8	5	3
5	3	1	4	8	6	2	7	9

147

9	8	5	3	6	2	1	4	7
2	4	6	8	7	1	5	3	9
1	3	7	5	9	4	8	2	6
3	7	1	6	2	8	9	5	4
5	6	2	9	4	7	3	1	8
8	9	4	1	3	5	7	6	2
4	5	8	2	1	9	6	7	3
7	1	3	4	8	6	2	9	5
6	2	9	7	5	3	4	8	1

148

4	8	5	1	7	2	3	9	6
6	9	1	4	8	3	2	5	7
2	3	7	9	6	5	8	4	1
8	2	9	3	1	6	5	7	4
3	1	4	7	5	9	6	8	2
5	7	6	8	2	4	9	1	3
7	6	2	5	9	1	4	3	8
1	5	3	6	4	8	7	2	9
9	4	8	2	3	7	1	6	5

149

2	9	7	5	4	8	1	3	6
5	8	4	1	6	3	7	9	2
6	3	1	2	9	7	4	8	5
7	1	5	9	8	6	2	4	3
8	6	2	3	1	4	9	5	7
9	4	3	7	2	5	6	1	8
4	7	6	8	3	1	5	2	9
3	5	9	4	7	2	8	6	1
1	2	8	6	5	9	3	7	4

150

7	6	8	9	4	5	3	1	2
1	5	3	2	8	7	6	9	4
4	9	2	3	1	6	5	8	7
5	3	7	4	6	9	1	2	8
8	4	6	1	2	3	9	7	5
9	2	1	5	7	8	4	6	3
6	1	5	8	3	2	7	4	9
2	7	9	6	5	4	8	3	1
3	8	4	7	9	1	2	5	6